涡旋光通信理论与实现方法

李永旭　张志利　崔志伟　韩一平　著

西安电子科技大学出版社

内 容 简 介

现今，涡旋光由于其螺旋相位结构和中空光强分布等独特的物理性质而受到越来越广泛的关注，其携带的轨道角动量使其在光电子和光通信等诸多领域极具应用价值。本书共 6 章，按照通信系统基本模型"信源—信道—信宿"的知识框架结构，系统阐述涡旋光的基本特性、涡旋光的产生、轨道角动量模态检测以及光束分别在大气和海洋湍流环境中的传输特性，同时详细介绍了以涡旋光为信息载波对图像进行信息编译码的理论与实现方法。

本书可作为信息与通信工程、通信与信息系统、光学工程、信号与信息处理、电子科学与技术等专业领域的工程技术人员、学者、高年级本科生和研究生的学习资料，也可作为这些专业领域科技工作者的参考书。

图书在版编目(CIP)数据

涡旋光通信理论与实现方法/李永旭等著. —西安：西安电子科技大学出版社，2023.3
ISBN 978 - 7 - 5606 - 6769 - 0

Ⅰ. ①涡…　Ⅱ. ①李…　Ⅲ. ①光通信—研究　Ⅳ. ①TN929.1

中国国家版本馆 CIP 数据核字(2023)第 020959 号

策　　划　刘小莉
责任编辑　刘小莉
出版发行　西安电子科技大学出版社(西安市太白南路2号)
电　　话　(029)88202421　88201467　　邮　编　710071
网　　址　www.xduph.com　　　　　　电子邮箱　xdupfxb001@163.com
经　　销　新华书店
印刷单位　陕西精工印务有限公司
版　　次　2023 年 3 月第 1 版　2023 年 3 月第 1 次印刷
开　　本　787 毫米×1092 毫米　1/16　印张　11.5
字　　数　161 千字
印　　数　1～1000 册
定　　价　43.00 元
ISBN 978 - 7 - 5606 - 6769 - 0 / TN

XDUP 7071001 - 1

*** 如有印装问题可调换 ***

前　　言

　　涡旋光作为一种具有空间变化的振幅、相位和偏振态分布的特殊光场，在诸如光学操控、超分辨成像、光通信等领域具有广阔的应用前景。特别对于解决目前面临的通信容量危机问题，采用涡旋光作为信息载体对携带的轨道角动量进行信息的编译码，可以有效提升通信容量和传输速率。2004 年 Gibson 首次开展了涡旋光在光通信领域的应用研究，相关内容已成为当前的研究热点。但受限于光学器件性能以及光通信复杂传输环境等因素的影响，基于涡旋光的通信方式还处于理论与实验研究阶段，距离通信系统成品化和商用的目标任重道远。

　　本书基于通信系统基本模型，从信源、信道、信宿三个方面介绍涡旋光在光通信领域的应用研究。

　　对于信源，首先要考虑的是产生光通信需要使用的涡旋光。根据实验室现有的光学实验仪器条件，采用向空间光调制器加载相位图和计算全息图的调控方法，产生特定模态的涡旋光。然后对光通信传输环境(信道)进行理论建模分析，具体讨论大气湍流和海洋湍流对光场传输特性的影响。在通信系统接收端(信宿)，需要考虑对接收到的光场模态进行检测以实现信息解码。针对模态检测问题，本书介绍了作者设计的两种用以高效检测光场模态的衍射光栅，实现了对光场模态的探测。最后，介绍一套无线光通信系统，用于开展基于涡旋光的信息编译码实验研究。

　　围绕以上研究内容，全书共分为 6 章，各章内容安排如下：

　　第 1 章绪论，概述涡旋光应用于光通信的研究背景及意义，简要介绍国内外关于涡旋光的研究进展，重点叙述涡旋光在光通信领域的应用研究。

　　第 2 章涡旋光的基本特性，对涡旋光的基本概念及内涵进行介绍，并给出几种典型的涡旋光，即拉盖尔-高斯光束、贝塞尔-高斯光束、完美涡旋光和 Lommel 光束在自由空间传输的光场数学表达式，绘制比较这几种涡旋光在源平面与传输一段距离后的光强和相位分布。

　　第 3 章涡旋光的产生，首先对现有涡旋光的产生方法进行简要介绍，然后基于空间光调制器方法对涡旋光的产生进行实验研究，比较空间光调制器(Spatial Light Modulator，SLM)加载相位图和计算全息图调控得到的涡旋光质量；此外对多模态涡旋光共轴叠加得到的复合光场进行讨论，并对复合涡旋光的产生进行实验研究；最后，设计一种新型"中心旋转对称阵列涡旋光"，该光场具有模态可调、阵列数目可控、阵列中各单元光斑互不干扰且中心位置旋转对称分布的特性，并以拉盖尔-高斯光束为例，通过实验产生拉盖尔-高斯光束阵列，并测量计算阵列涡旋光的衍射效率，对光场质量进行定量分析。

第4章涡旋光模态的探测，首先介绍目前文献中提出的各种模态探测方法，针对常用的传统涡旋光与平面波干涉和球面波干涉检测方法，设计改进型检测光学实验系统，完成对涡旋光携带的轨道角动量模态的探测；此外，通过数值仿真和实验研究，采用共轭模态相干检测法实现对径向低阶($p=0$)与径向高阶($p\neq0$)拉盖尔-高斯光束拓扑荷数的探测。为弥补现有检测方法存在的模态探测范围不足的缺点，本章还介绍了一种新型周期渐变螺旋光栅，实验上采用此衍射光栅可以将模态探测范围拓展至$-160\sim+160$之间；向空间光调制器加载另一种螺旋相位光栅，可以实现拉盖尔-高斯光束角向模态 l 以及径向模态 p 的同时检测。该部分研究内容可为涡旋光在光通信中的译码过程提供理论基础和实验依据。

第5章湍流环境中光场的传输特性，首先系统总结目前已提出的大气湍流折射率结构功率谱模型，给出常用的海洋湍流功率谱模型；基于快速傅里叶变换功率谱反演法，计算大气湍流和海洋湍流的相位屏分布；基于随机多相位屏方法，研究涡旋光在湍流环境中传输的光强衰减和相位起伏特性。然后采用半实验方法，将调控产生的涡旋光照射加载有湍流相位屏的空间光调制器，从实验上研究湍流对光传输的影响。之后，根据Rytov理论和广义 Huygens-Fresnel 原理，构建涡旋光在海洋湍流中的传输模型，理论推导平均光强、轨道角动量概率密度、轨道角动量螺旋谱分布以及平均信道容量数学表达式，通过数值计算模拟，定量分析光场传输特性。

第6章基于涡旋光的编译码通信，基于前述涡旋光产生与模态检测理论和实验研究内容，介绍基于涡旋光的相干/非相干检测实现光通信的两种方式。此外，重点介绍一种采用瓣状涡旋阵列进行图像信息编译码的通信方案。在发射端，将不同的涡旋阵列形态与图像的灰度信息一一映射编码；在接收端，通过观察并识别捕获的光斑，获取对应的图像灰度信息，最终恢复原始图像信息。采用涡旋光模态非相干检测方法，可以简化涡旋光信息编译码的复杂度，同时降低搭建光通信系统平台的难度。

涡旋光作为新兴的研究热点，涉及的相关知识以及应用前景可以称得上是"上天入地"，向下涉及最基本的数学、物理和电磁学等基础知识，向上在诸如光镊、量子通信等高新技术领域都有它的身影，内容丰富而博大。由于作者水平有限，成稿仓促，本书难免存在疏漏和不足之处，恳请读者不吝指正，并真诚期待广大读者提出宝贵的建议和修改意见。

作者

2022 年 12 月

目　　　录

1

第 1 章　绪　　论

1.1　研究背景及意义

随着大数据时代的到来，云计算、物联网、人工智能等高新科技得到高速发展，5G 移动网络商业化运营与普及也在如火如荼地开展，人们对通信容量和信息传输速率的需求不断增长，使本已有限的频谱资源变得更加紧缺。根据思科公司统计数据[1,2]，2021 年，全球移动数据流量达到587 EB，到 2023 年全球移动用户将从 2018 年的 51 亿人增加到 57 亿人，约占全球总人口的 71%，宽带平均网速也将由现有的 45.9 Mb/s 提高到110.4 Mb/s，如图 1.1 所示。由于光波可利用频谱范围宽（1 THz～100 PHz）且在 20～1500 THz 频段无须频率许可[3]，为解决日益增长的数据需求与有限频谱资源之间的矛盾，近年来使用光波作为通信载波的光通信技术得到广泛关注和发展。

图 1.1　2013—2021 年全球数据中心流量增长情况

与传统微波通信技术相比，光通信系统具有可用频谱宽、保密性强、体积小、搭建简便迅速、造价低等优势[4]。在抗震抢险等救灾现场，只要保证光通信系统的发射端和接收端相互对准，即可进行实时通信，极大缩短了构建通信系统平台耗费的时间，尽可能减少国家和人民所遭受的财产损失[5,6]。此外，由于激光光源自身方向性较好的特点，光束在空间传输过程中发散角极小，窃听者很难对携带信息的光束进行截取窃听，因此光通信系统具有更强的保密性，在军事和商业贸易等对通信保密性要求较高的场景具有广阔的应用前景[7,8]。

光通信划分为有线和无线两种通信方式。其中，有线光通信就是人们熟知的且目前已被广泛采用的光纤通信（Optical Fiber Communications，OFC）；光波通过自由空间传输信息的方式称为自由空间光通信（Free Space Optical Communications，FSO），由于信号传输过程中无需敷设额外光纤，这种通信方式又被称为光无线通信（Optical Wireless Communications，OWC）。由电磁波波场表达式(1-1)可知，光波包括时间、频率/波长、振幅/相位、偏振态及空间分布等基本维度资源，如图 1.2 所示。

$$\boldsymbol{E}(x,y,z;t)=\boldsymbol{e}(t)F(x,y;t)A(z;t)\boldsymbol{\Phi}(z;t)\times$$

$$\exp\left[j\frac{2\pi z}{\lambda(t)}-\omega(t)t+\varphi_0\right] \tag{1-1}$$

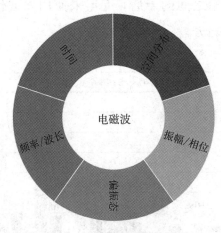

图 1.2　光波基本维度资源

无论采用哪一种光通信方式，归根结底都是对光波的某一项或几种维度资源进行信息调制的过程，即通过将待传输信息加载到光波参数维度上，经调制后的光波在空间传输后被远端的光接收机捕获并恢复出原始信息，实现信息的编译码传输。目前，尽管波分复用（WDM）、时分复用（TDM）、频分复用（FDM）、码分复用（CDM）等信号复用技术，以及多种调制技术如二阶相移键控（BPSK）、正交相移键控（QPSK）的应用极大扩展了通信系统容量，却也将光波的时间、频率/波长、振幅、相位及偏振态基本维度资源开发殆尽，如何在现有条件下进一步提升光通信系统容量及频谱效率成为新的研究热点。空间维度资源作为光波唯一仅存尚未被充分开发的资源，因此受到研究学者们广泛关注，并掀起了利用光波空间维度资源进行信息传输的研究热潮。

作为一种特殊结构的电磁波，涡旋光不仅具有频率/波长、振幅、相位、偏振态、时间等维度资源，还拥有引人注目的空间维度资源，如轨道角动量（Orbital Angular Momentum，OAM）。与光子的自旋角动量（Spin Angular Momentum，SAM）状态取决于偏振态分布（只有水平和垂直两种状态）不同，轨道角动量是由光场相位分布（可以取无穷多种模态）决定的，且携带不同模态的光场共轴传输时相互之间具有正交特性，因此用携带轨道角动量的涡旋光作为通信载体可以无限地扩展通信容量[9]。此外，涡旋光具有独特的相位奇异性、近似无衍射传播等特性，为超分辨成像[10-12]、光学微操纵[13-16]和量子科学[17-26]等领域提供了巨大的发展机遇。如图1.3 所示，据不完全统计数据表明，近年来与轨道角动量主题相关的研究成果呈现爆发式增长。越来越多的科研工作者开展了对涡旋光的研究工作，但自由空间光通信系统采用涡旋光作为通信载波来传输信息的工作大都还停留在理论研究和实验论证阶段，因此开展针对涡旋光在光通信领域的应用研究内容对缓解通信系统压力、应对"通信新容量危机"具有重要的学术和工程应用价值。如图 1.4 所示，借鉴通信系统基本模型[27]，本书内容按照"信源"经"信道"传输到达"信宿"的思路，在理论和实验上分别对涡旋光的产生、光场在湍流环境中传输、涡旋光模态检测等进行较为系统的介绍，同时利用室内无线光通信系统实验平台，分析采用涡旋光编译码实现通信的可行性。

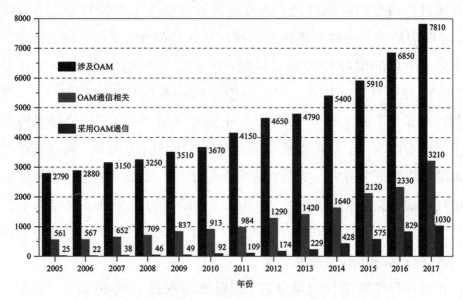

图 1.3　与轨道角动量相关的已发表论文成果数据统计

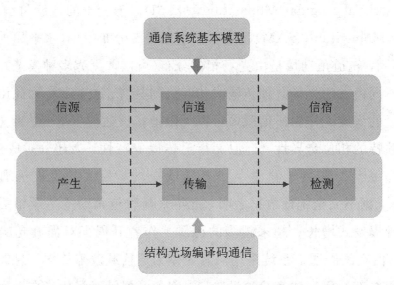

图 1.4　与通信系统基本模型相对应的涡旋光编译码通信研究思路

1.2　国内外研究现状

携带轨道角动量的涡旋光主要表现出两种特性：其一，类似现实生活中的龙卷风、蜗牛壳形态，光场的等相位面以螺旋波前旋转的方式向前传播；其二，与传统的高斯光束光强分布为实心亮斑不同，涡旋光中心光强为零，光斑呈现暗中空面包圈结构形态，这是因为光场中心的相位分布奇异性导致的，光场在中心位置干涉相消使中心位置光强为零。近年来，国内外学者围绕着涡旋光携带的轨道角动量展开了大量理论和实验研究，取得了丰硕的研究成果。

在早期电磁波研究中，人们的注意力都聚焦在自旋角动量的研究上。1909 年，Poynting 从理论上推导自旋角动量的力学效应[28]。二十多年后，Beth 设计了一种检测和测量角动量变化的实验，在偏振光经过晶体板时证实自旋效应的存在[29]。20 世纪 70 年代，Berry 课题组经过严格数学推导，并在实验上证明相位奇点的存在[30]。1979 年，Vaughan 等人通过光学干涉对光场的螺旋相位波前结构进行研究[31]。随着研究的推进，"光学涡旋"作为用来描述前期研究中发现的相位奇点的专用词汇在 1989 年被 Cullet 等人正式提出[32]。此后，这一概念逐渐得到科学界的认同，越来越多的科研工作者对光学涡旋开展了大量研究工作，相应的工作也从起初的纯粹光学研究拓展到其他各个学科领域，推动了科学的进步。

1992 年对于光学领域来说，是一个十分值得纪念的年份。这一年，美国海军实验室研究人员在光束通过克尔非线性介质中时，发现了涡旋光孤子，研究人员使用准螺旋相位板产生了单个涡旋光孤子[33]。同年，荷兰莱顿大学 Allen 等人[34]严格推导在傍轴条件下的麦克斯韦方程组，得到一种携带有轨道角动量模态的拉盖尔-高斯光束数学表达式，指出与自旋角动量一样，轨道角动量也是光场的一种自然属性，并证明拉盖尔-高斯光束的相位奇异性与螺旋相位因子 $\exp(il\theta)$ 有关，且每个光子携带大小为 $l\hbar$ 的轨道角动量，其中 $\hbar = h/(2\pi)$ 表示约化普朗克常量（狄拉克常量），h 为普朗克常量。Allen 等通过模式转换方法，实现了拉盖尔-高斯光束与厄米特-高斯光束之间的相互转化。1994 年，Allen 和 Barnett 等[35]证明在非近轴传播情况下，光场表达式中含有 $\exp(il\theta)$ 相位因子的光束每个光子轨道角动量仍然为 $l\hbar$。此后，对于携带轨道角动量特殊涡旋光的研究得到无数学者的青睐，在各个领域都相继开展了大量工作。

1996 年，Gahagan 等人[36]使用单个涡旋光成功实现对浸泡在水中直径为 20 μm 玻璃球的三维光学捕获。2001 年，Mair 等人[37]首次对轨道角动量具有量子纠缠特性进行报道，并指出由于轨道角动量可以取无限多种模态，构成高维的轨道角动量纠缠是可以实现的。2002 年，Curtis 等人[38]将涡旋光引入到光镊技术，探索对多个粒子独立操控的可能性。同年，奥地利维也纳大学 Vaziri 等人[39]实现最高为三维的轨道角动量最大纠缠态。2004 年，英国格拉斯哥大学 Gibson 等[40]研究人员首次尝试将轨道角动量应用于光通信领域，他们设计一种利用轨道角动量进行信息编译码的自由空间光通信系统，在发射端用 8 个不同的轨道角动量模态对信息编码，光束在自由空间传输 15 m 后，在接收端通过读取接收到的轨道角动量模态来获取原始编码信息。此外，他们还讨论在光通信系统中采用轨道角动量编译码信息传输的安全保密性能，发现窃听者几乎不可能从信息载波中截获所传输的信息内容，论证了无须采用传统的加密算法，轨道角动量编码通信方案本身就具备较高的保密性。

2005 年，Paterson[41]基于柯尔莫哥洛夫（Kolmogorov）大气湍流折射率结构功率谱模型和香农信息理论，严格推导得到单光子轨道角动量光通信系统的平均信道容量，量化分析了湍流对通信系统信道容量的影响。同年，Bouchal 等人[42]从理论上并经实验，研究了激光经空间光调制器调控得到的涡旋光聚焦后在少模光纤中传输的可能性，为光纤中轨道角动量编译码传输信息提供了理论基础和实验依据。2006 年，Celechovsky 等人[43]设计了一种静态计算全息图，通过该全息图得到与光源调制速度相匹配的复用涡旋光场。2007 年，新加坡南洋理工大学开展了多路轨道角动量复用通信的实验研究，为轨道角动量在光通信系统的应用设计提供了新的思路[44]。2009 年，Bharat 等[45]研究人员提出一种在光学奇点区域衍射多个波长的光束，并根据衍射后光谱分布进行信息编码的思路。光束在湍流环境中传输时，振幅和相位都会受到不同程度的干扰，为有效降低湍流效应对光通信系统的影响，亚利桑那大学 Djordjevic 教授等[46]提出一种自适应调制和编码的方法，通过数值仿真模拟强湍流信道中系统的误码率和频谱效率，对通信系统性能改善的效果进行了说明。同年，Djordjevic 教授将低密度奇偶校验码（Low-Density Parity-Check，LDPC）方案引入到轨道角动量光通信系统中，证明在通信误码率为 10^{-12} 时，编码增益可达到 12.8 dB[47]。罗切斯特大学 Rober 团队[48]通过理论推导证明拉盖尔-高斯光束和只携带有轨道角动量的涡旋光具有相类似的抗湍流能力。2010 年，日本通信技术实验室对两束拉盖尔-高斯光束进行空分复用，且每一路光束的信号传输速率为 10 b/s，实现零误码率信息的自由空间传输[49]。

2011 年，Fazal 等人[50]提出一种使用两个正交轨道角动量空间模式，且每个模式采用 25 个波分复用的通信方案，实现 2 Tb/s 的数据传输。同一年，美国南加州大学实验上首次实现多轨道角动量复用通信，将光束的偏振态与轨道角动量结合，设计了一种信息编译码传输系统，经测量，发现该通信系统可实现高达 $12.8 \text{ bit} \cdot \text{s}^{-1} \cdot \text{Hz}^{-1}$ 以及 $25.6 \text{ bit} \cdot \text{s}^{-1} \cdot \text{Hz}^{-1}$ 的频谱效率[51]。袁小聪团队[52]在当年报道了一种使用复合光学涡旋增大信道容量的方案，在编码过程中，利用遗传算法（Genetic Algorithm，GA）得到共轴叠加的复用光场，接收端通过使用达曼涡旋光栅对接收到的光场模态进行分析，实验上完成了 16 种模态光学涡旋的复用和探测。Djordjevic教授[53]证明与脉冲位置调制相比，在近地和深空使用轨道角动量编码调制可使通信频谱效率得到显著提高。2012 年，Wang 等人复用 16 个正交幅度调制的轨道角动量实现 2.56 Tb/s 通信容量，频谱效率 $95.7 \text{ bit} \cdot \text{s}^{-1} \cdot \text{Hz}^{-1}$ 的数据传输[54]。同一年，研究人员对轨道角动量在量子通信领域的应用开展相关研究，并对湍流效应进行了讨论[55-61]。

2013 年，一种光束光斑尺寸不受轨道角动量模态取值变化影响的光束——完美涡旋光被首次提出[62]。同年，英国埃塞克大学对采用 60 GHz 毫米波波段的轨道角动量无线通信传输进行了研究，成功实现无压缩视频信息的传输[63]。紧接着，Huang 等人[64]将轨道角动量模分复用与波分复用相结合，用 12 种轨道角动量模态和 42 个波长，实现数据传输速率高达 100 Tb/s 的自由空间光通信链路。为提高通信容量，研究学者提出将空分复用技术[65,66]或模分复用技术[67]与轨道角动量相结合引入到光通信中。贾平等人[68]通过设计一种使用阵列光学涡旋进行自由空间光通信的方法，实现误码率小于 3.01×10^{-3} 的图像编译码信息传输。

2014 年，研究人员在 28 GHz 的毫米波频段搭建自由空间通信系统，使用 4 种模态轨道角动量和两种偏振态，实现通信速率 32 Gb/s，频谱效率 16 bit·s^{-1}·Hz^{-1} 的信号传输[69]。同年，Ahmed 等人[70] 使用两束复用的贝塞尔-高斯光束作为信息载波，实现了信息的编译码传输，并讨论了传播路径中障碍物对通信性能的影响。该课题组还探索同时利用光场轨道角动量、偏振态与波长三种维度的复用通信方式，实现 100 Tb/s 的通信速率[71]；为克服模式串扰，将 4×4 MIMO 均衡技术引入到轨道角动量通信中，极大提升了系统信号传输质量和误码性能[72]；实验上开展自适应光学补偿技术克服湍流效应的研究[73]，在 2.5 m 通信链路上实现传输速率 32 Gb/s，频谱效率 16 bit·s^{-1}·Hz^{-1} 毫米波段轨道角动量的复用通信[74]。英国格拉斯哥大学 Mclaren 等[75] 通过实验研究了贝塞尔-高斯光束遇到障碍物后的自愈特性。罗切斯特大学与渥太华团队合作，在实验上模拟大气湍流对轨道角动量光通信系统的影响[76]。意大利帕多瓦大学报道了 210 m 距离实现轨道角动量量子通信的研究[77]。国内，华中科技大学开展了复用轨道角动量与光场偏振态的通信方式的研究[78,79]。奥地利 M. Krenn 研究小组[80] 在维也纳市开展了 3 km 远距离轨道角动量模式叠加态编译码通信实验。实验中，该小组用 16 个轨道角动量模式叠加态对信息进行编译码；测量结果显示，通过该方式传输信息在接收端译码率为 1.7%。

2015 年，华中科技大学研究人员[81] 在太赫兹波段运用 3D 打印技术成功产生任意阶数的贝塞尔光束。南开大学研究人员[82] 提出一种使用自加速艾里光束进行图像信号传输的方法，指出即使艾里光束在无序散射介质中传播，同样可以恢复出传输的信息。在光通信中同时使用光场的径向和角向偏振态进行编码，借助马赫曾德尔干涉仪进行解码，Milione 等在实验上实现串扰概率 2.7% 的高质量通信[83]。天津大学团队与斯坦福大学合作，对轨道角动量复用光通信技术与其他复用技术的信道容量进行系统比较，指出将 MIMO 技术与空间模式复用相结合，有望逼近信道容量极限[84]。同年，华中科技大学[85-89] 与南加州大学[90-98] 分别就轨道角动量相关内容开展了大量研究工作。

2016 年，Zeilinger 研究小组在相距 143 km 的两个岛屿之间搭建了一套基于轨道角动量叠加态编译码的光通信系统。在通信系统发射端，利用不同轨道角动量的叠加态对图像的灰度值信息进行一一映射编码，在接收端，结合人工智能技术实现对叠加态光斑的识别，实现了总误码率为8.33%的编译码通信[99]。Yan 等人[100]在 60 GHz 毫米波频段使用轨道角动量和偏振复用，实现 32 Gb/s 的自由空间光通信系统。Xie 等人[101]通过复用 4 个径向系数不同的高阶拉盖尔-高斯光束，实现 400 Gb/s 通信容量、传输误码率 3.8×10^{-3} 的通信系统。接着，该团队在 28 GHz 毫米波频段演示使用贝塞尔-高斯光束模式复用的光通信系统[102]。Trichili 等人[103]采用 4 个径向高阶拉盖尔-高斯光束对信息进行编码，实验完成在大气湍流条件下图像信息的编译码传输，并讨论了大气湍流强度对信息译码过程的干扰影响。华中科技大学[104]通过复用两个轨道角动量模态，建立了通信链路长度为 260 m 的光通信系统，并通过实验证明信息传输的有效性。Ren 等[105]对水下环境中的轨道角动量光通信技术开展研究，同时在120 m 的自由空间通过轨道角动量复用技术实现了 400 Gb/s 的传输速率[106]。2017 年，电子科技大学研究人员[107]发现旋转对称结构产生涡旋电子束背后的共同规律，提出轨道角动量选模原理，揭示了旋转对称结构的对称性与产生涡旋场的轨道角动量之间的关系。

2018 年，Pang 等[108]同时采用四种模式复用的厄米特-高斯光束和拉盖尔-高斯光束进行信息传输，实验上实现了传输容量 400 Gb/s 的通信系统。厦门大学[109]以 LED 可见光作光源，利用轨道角动量叠加模态实现对彩色图像和音频的传输。Karahroudi 等[110]采用开关键控技术，以完美涡旋光作信息载波，在水下 2.6 m 距离实现 1 Mb/s 的编码通信。Bouchard 等[111]研究了室外水下环境中高维度量子通信，比较了采用不同量子密码技术传输系统的误码性能；对水下环境中基于轨道角动量模态的空分复用技术开展了相应研究[112]。Zhu 等[113]在 224 个独立的传输信道上结合轨道角动量和波分复用技术在 18 km 距离内进行长距离低串扰信号传输，通信容量达 8.4 Tb/s。

2019 年，Song 等[114]证明在单向和双向自由空间通信链路中将光场相位图与信道信息结合可以有效减小大气湍流效应，实验上实现 100 Gb/s 的信息传输。哈尔滨工业大学与山西大学合作[115]研究在大气湍流信道中，利用分数阶轨道角动量复用对物理层安全性的影响，通过数值分析发现与轨道角动量取整数阶相比，在弱湍流和中等强度湍流条件下，分数阶轨道角动量复用技术具有更高的物理层安全性。Li 等[116]搭建了地面站和无人机 100 m 的通信链路，实验证明使用 MIMO 均衡技术可以有效抑制湍流效应引起的多路轨道角动量模式串扰。Mphuthi 等研究人员[117]使用不同阶数的贝塞尔光束，在户外 150 m 距离实现编码通信，并讨论不同湍流强度环境对轨道角动量模式串扰的影响。东南大学团队[118]提出一种利用超表面产生四通道正交复用电磁轨道角动量的方法。上海交通大学团队[119]将深度学习算法应用到分数阶轨道角动量态的超分辨识别，实验演示了一套 8 比特编码光通信体系，实现了误码率小于 0.02 ％的高保真通信。

2020 年，华中科技大学研究人员[120]利用 3D 打印技术得到的衍射光学元件在太赫（兹）波段 0.1 THz 区域成功产生完美涡旋光。Zhang 等人[121]将自适应波前整形技术应用到轨道角动量复用通信中以减小大气湍流对通信性能的影响，实验上测得在较弱和较强湍流情况下，复用的两种轨道角动量模式串扰分别减小至少 10 dB 以及 5.8 dB。Wiedemann 等人[122]在赛汶河搭建了一套 890 m 的通信链路，通过测量不同大气湍流环境下高斯光束和涡旋光的闪烁指数，比较了两种光束的传输特性，研究发现增大传输光场的拓扑荷数可以在一定程度上减小闪烁指数。江南大学团队[123]从理论上研究了艾里光束从中等到强海洋湍流的概率分布特性，通过数值计算发现阶数较小的艾里光束具有更高的信号检测概率。

参 考 文 献

[1] KHAN M A, SALAH K. IoT security: Review, block chain solutions, and open challenges[J]. Future Generation Computer Systems: The International Journal of Escience, 2018, 82: 395-411.

[2] FISCH N C, BENCE J R. Data quality, data quantity, and its effect on an applied stock assessment of Cisco in Thunder Bay, Ontario

[J]. North American Journal of Fisheries Management，2020，40 (2)：368-382.

[3] KAUSHAL H，KADDOUM G. Optical communication in space：challenges and mitigation techniques[J]. IEEE Communications Surveys and Tutorials，2017，19(1)：57-96.

[4] ANDREWS R W，PETERSON R W，PURDY T P，et al. Bidirectional and efficient conversion between microwave and optical light[J]. Nature Physics，2014，10(4)：321-326.

[5] 韩仲祥，马丽华，康巧燕等. 无线光通信[M]. 北京：国防工业出版社，2018.

[6] 德维·查达. 地面无线光通信[M]. 北京：国防工业出版社，2018.

[7] ZHU F，ZHANG W，SHENG Y，et al. Experimental long-distance quantum secure direct communication[J]. Science Bulletin，2017，62(22)：1519-1524.

[8] BOARON A，BOSO G，RUSCA D，et al. Secure quantum key distribution over 421 km of optical fiber[J]. Physical Review Letters，2018，121(19)：190502.

[9] BARREIRO J T，WEI T-C，KWIAT P G. Beating the channel capacity limit for linear photonic superdense coding[J]. Nature Physics，2008，4(8)：662-662.

[10] MAJI S，JACOB P，BRUNDAVANAM M M. Geometric phase and intensity-controlled extrinsic orbital angular momentum of off-axis vortex beams[J]. Physical Review Applied，2019，12(5)：054053.

[11] WEI D，WANG C，XU X，et al. Efficient nonlinear beam shaping in three-dimensional lithium niobate nonlinear photonic crystals[J]. 2019，10(1)：1-7.

[12] YIN F，CHEN C，CHEN W，et al. Superresolution quantitative imaging based on superoscillatory field[J]. Optics Express，2020，28(5)：7707-7720.

[13] PADGETT M J，BOWMAN R. Tweezers with a twist[J]. Nature Photonics，2011，5(6)：343-348.

[14] DHOLAKIA K，CIŽMAR T. Shaping the future of manipulation [J]. Nature Photonics，2011，5(6)：335-342.

[15] SPEKTOR G，KILBANE D，MAHRO A K，et al. Revealing the subfemtosecond dynamics of orbital angular momentum in nanoplasmonic vortices[J]. Science，2017，355(6330)：1187-1191.

[16] PADGETT M J. Orbital angular momentum 25 years on[J]. Optics Express，2017，25(10)：11265-11274.

[17] MARRUCCI L，KARIMI E，Slussarenko S，et al. Spin-to-orbital conversion of the angular momentum of light and its classical and quantum applications[J]. Journal of Optics，2011，13(6)：064001.

[18] YAO A M，PADGETT M J. Orbital angular momentum：origins，behavior and applications[J]. Advances in Optics and Photonics，2011，3(2)：161-204.

[19] FICKLER R，LAPKIEWICZ R，PLICK W N，et al. Quantum entanglement of high angular momenta[J]. Science，2012，338 (6107)：640-643.

[20] NICOLAS A，VEISSIER L，GINER L，et al. A quantum memory for orbital angular momentum photonic qubits [J]. Nature Photonics，2014，8(3)：234-238.

[21] VALLONE G，DAMBROSIO V，SPONSELLI A，et al. Free-space quantum key distribution by rotation-invariant twisted photons[J]. Physical Review Letters，2014，113(6)：060503.

[22] DING D，ZHANG W，ZHOU Z，et al. Quantum storage of orbital angular momentum entanglement in an atomic ensemble [J]. Physical Review Letters，2015，114(5)：050502.

[23] WANG X，CAI X，SU Z，et al. Quantum teleportation of multiple degrees of freedom of a single photon[J]. Nature，2015，518

(7540)：516-519.

[24] MIRHOSSEINI M，MAGANALOAIZA O S，OSULLIVAN M N，et al. High-dimensional quantum cryptography with twisted light [J]. New Journal of Physics，2015，17(3)：033033.

[25] SIT A，BOUCHARD F，FICKLER R，et al. High-dimensional intracity quantum cryptography with structured photons [J]. Optica，2017，4(9)：1006-1010.

[26] NDAGANO B，NAPE I，COX M A，et al. Creation and detection of vector vortex modes for classical and quantum communication [J]. Journal of Lightwave Technology，2018，36(2)：292-301.

[27] 张毅，郭亚利. 通信工程(专业)概论[M]. 武汉：武汉理工大学出版社，2007.

[28] POYNTING J H. The wave motion of a revolving shaft，and a suggestion as to the angular momentum in a beam of circularly polarised light [J]. Proceedings of The Royal Society A：Mathematical，Physical and Engineering Sciences，1909，82(557)：560-567.

[29] BETH R A. Mechanical detection and measurement of the angular momentum of light[J]. Physical Review，1936，50(2)：115-125.

[30] NYE J F，BERRY M V. Dislocations in wave trains[J]. Proceedings of The Royal Society A：Mathematical，Physical and Engineering Sciences，1974，336(1605)：165-190.

[31] VAUGHAN J M，WILLETTS D V. Interference properties of a light beam having a helical wave surface [J]. Optics Communications，1979，30(3)：263-267.

[32] CULLET P，GILL L，ROCCA F. Optical vortices[J]. Optics Communications. 1989，73(5)：403-408.

[33] SWARTZLANDER G A，LAW C T. Optical vortex solitons observed in Kerr nonlinear media[J]. Physical Review Letters，1992，69(17)：

2503-2506.

[34]　ALLEN L，BEIJERSBERGEN M W，SPREEUW R J，et al. Orbital angular momentum of light and the transformation of Laguerre-Gaussian laser modes[J]. Physical Review A，1992，45(11)：8185-8189.

[35]　ALLEN L，BARNETT S M. Orbital angular momentum and non paraxial beams[J]. Optics Communications，1994，110：679.

[36]　GAHAGAN K，SWARTZLANDER G. Optical vortex trapping of particles[J]. Optics letters，1996，21(11)：827-829.

[37]　MAIR A，VAZIRI A，WEIHS G，et al. Entanglement of the orbital angular momentum states of photons[J]. Nature，2001，412(6844)：313-316.

[38]　CURTIS J E，KOSS B A，GRIER D G. Dynamic holograhic optical tweezers[J]. Optics Communications，2002，207(1-6)：167-175.

[39]　VAZIRI A，WEIHS G，ZEILINGER A，et al. Experimental two-photon，three-dimensional entanglement for quantum communication [J]. Physical Review Letters，2002，89(24)：240401.

[40]　GIBSON G M，COURTIAL J，PADGETT M J，et al. Free-space information transfer using light beams carrying orbital angular momentum[J]. Optics Express，2004，12(22)：5448-5456.

[41]　PATERSON C. Atmospheric turbulence and orbital angular momentum of single photons for optical communication [J]. Physical Review Letters，2005，94(15)：153901.

[42]　BOUCHAL Z，HADERKA O，CELECHOVSKY R，et al. Selective excitation of vortex fibre modes using a spatial light modulator[J]. New Journal of Physics，2005，7(1)：125.

[43]　CELECHOVSKY R，BOUCHAL Z. Generatin of variable mixed vortex fields by a single static hologram[J]. Journal of Modern Optics，2006，53(4)：473-480.

[44]　LIN J，YUAN X C，TAO S H，et al. Multiplexing free-space

optical signals using superimposed collinear orbital angular momentum states[J]. Applied Optics, 2007, 46(21): 4680-4685.

[45] BHARAT K Y, HEM C K. Free-space optical links using phase singularity[C]. International Conference on Advanced Networks and Telecommunication Systems. IEEE Press, 2009.

[46] DJORDJEVIC I B, DJORDJEVIC G T. On the communication over strong atmospheric turbulence channels by adaptive modulation and coding[J]. Optics Express, 2009, 17(20): 18250-18262.

[47] DJORDJEVIC I B, CVIJETIC M, XU L, et al. Proposal for beyond 100-Gb/s optical transmission based on bit-interleaved LDPC-coded modulation[J]. IEEE Photonics Technology Letters, 2007, 19(12): 874-876.

[48] TYLER G A, BOYD R W. Influence of atmospheric turbulence on the propagation of quantum states of light carrying orbital angular momentum[J]. Optics Letters, 2009, 34(2): 142-144.

[49] AWAJI Y, WADA N, TODA Y, et al. Demonstration of spatial mode division multiplexing using Laguerre-Gaussian mode beam in telecom-wavelength[J]. Photonics, 2010: 551-552.

[50] FAZAL I, WANG J, YANG J, et al. Demonstration of 2-Tbit/s data link using orthogonal orbital-angular-momentum modes and WDM[C]. Frontiers in Optics. Optical Society of America, 2011: FTuT1.

[51] WANG J, YANG J, FAZAL I, et al. Demonstration of 12.8-bit/s/Hz spectral efficiency using 16-QAM signals over multiple orbital-angular-momentum modes [C]. European conference on optical communication, 2011: 1-3.

[52] WANG Z, ZHANG N, YUAN X C, et al. High-volume optical vortex multiplexing and de-multiplexing for free-space optical communication [J]. Optics Express, 2011, 19(2): 482-492.

[53] DJORDJEVIC I B. Deep-space and near-Earth optical communications by coded orbital angular momentum（OAM）modulation[J]. Optics Express，2011，19(15)：14277-14289.

[54] WANG J，YANG J，FAZAL I，et al. Terabit free-space data transmission employing orbital angular momentum multiplexing [J]. Nature Photonics，2012，6(7)：488-496.

[55] GRAYDON O，WILLNER A E. A new twist for communications [J]. Nature Photonics，2012，6(7)：498-498.

[56] TORRES J P. Optical communications：Multiplexing twisted light [J]. Nature Photonics，2012，6(7)：420-422.

[57] MALIK M，OSULLIVAN M N，RODENBURG B，et al. Influence of atmospheric turbulence on optical communications using orbital angular momentum for encoding [J]. Optics Express，2012，20 (12)：13195-13200.

[58] ZHANG D，FENG X，HUANG Y，et al. Encoding and decoding of orbital angular momentum for wireless optical interconnects on chip[J]. Optics Express，2012，20(24)：26986-26995.

[59] ZHANG Y，DJORDJEVIC I B，GAO X，et al. On the quantum-channel capacity for orbital angular momentum-based free-space optical communications [J]. Optics Letters，2012，37 (15)：3267-3269.

[60] FAZAL I M，AHMED N，WANG J，et al. 2 Tbit/s free-space data transmission on two orthogonal orbital-angular-momentum beams each carrying 25 WDM channels[J]. Optics Letters，2012，37(22)：4753-4755.

[61] DJORDJEVIC I B，ZHANG Y，GAO X，et al. Quantum channel capacity for OAM-based free-space optical communications[J]. Proceedings of SPIE，2012.

[62] OSTROVSKY A S，RICKENSTORFFPARRAO C，ARRIZON V，et

al. Generation of the "perfect" optical vortex using a liquid-crystal spatial light modulator[J]. Optics Letters，2013，38(4)：534-536.

[63] MAHMOULI F E，WALKER S D. 4-Gbps Uncompressed video transmission over a 60-GHz orbital angular momentum wireless channel[J]. IEEE Wireless Communications Letters，2013，2(2)：223-226.

[64] HUANG H，XIE G，YAN Y，et al. 100 Tbit/s free-space data link using orbital angular momentum mode division multiplexing combined with wavelength division multiplexing[C]. Optical fiber communication conference，2013：1-3.

[65] RICHARDSON D J，FINI J M，NELSON L E，et al. Space-division multiplexing in optical fibres[J]. Nature Photonics，2013，7(5)：354-362.

[66] YAN Y，YUE Y，HUANG H，et al. Multicasting in a spatial division multiplexing system based on optical orbital angular momentum[J]. Optics Letters，2013，38(19)：3930-3933.

[67] BOFFI P，MARTELLI P，GATTO A，et al. Optical vortices：an innovative approach to increase spectral efficiency by fiber mode-division multiplexing[J]. Proceedings of SPIE，2013.

[68] JIA P，YANG Y，MIN C，et al. Sidelobe-modulated optical vortices for free-space communication [J]. Optics Letters，2013，38 (4)：588-590.

[69] YAN Y，XIE G，HUANG H，et al. Demonstration of 8-mode 32-Gbit/s millimeter-wave free-space communication link using 4 orbital-angular-momentum modes on 2 polarizations[C]. International conference on communications，2014：4850-4855.

[70] AHMED N，LAVERY M P，HUANG H，et al. Experimental demonstration of obstruction-tolerant free-space transmission of two 50-Gbaud QPSK data channels using Bessel beams carrying

orbital angular momentum［C］. European conference on optical communication，2014：1-3.

[71] HUANG H，XIE G，YAN Y，et al. 100 Tbit/s free-space data link enabled by three-dimensional multiplexing of orbital angular momentum，polarization，and wavelength［J］. Optics Letters，2014，39(2)：197-200.

[72] HUANG H，CAO Y，XIE G，et al. Crosstalk mitigation in a free-space orbital angular momentum multiplexed communication link using 4×4 MIMO equalization[J]. Optics Letters，2014，39(15)：4360-4363.

[73] REN Y，XIE G，HUANG H，et al. Adaptive-optics-based simultaneous pre- and post-turbulence compensation of multiple orbital-angular-momentum beams in a bidirectional free-space optical link［J］. Optica，2014，1(6)：376-382.

[74] YAN Y，XIE G，LAVERY M P，et al. High-capacity millimetre-wave communications with orbital angular momentum multiplexing ［J］. Nature Communications，2014，5(1)：4876-4876.

[75] MCLAREN M，MHLANGA T，PADGETT M J，et al. Self-healing of quantum entanglement after an obstruction[J]. Nature Communications，2014，5(1)：1-8.

[76] RODENBURG B，MIRHOSSEINI M，MALIK M，et al. Simulating thick atmospheric turbulence in the lab with application to orbital angular momentum communication[J]. New Journal of Physics，2014，16(3)：033020.

[77] VALLONE G，DAMBROSIO V，SPONSELLI A，et al. Free-space quantum key distribution by rotation-invariant twisted photons[J]. Physical Review Letters，2014，113(6)：060503.

[78] WANG J，LI S，LUO M，et al. N-dimentional multiplexing link with 1. 036-Pbit/s transmission capacity and 112. 6-bit/s/Hz spectral

efficiency using OFDM-8QAM signals over 368 WDM pol-muxed 26 OAM modes[C]. european conference on optical communication，2014：1-3.

[79] WANG J，LI S，LI C，et al. Ultra-High 230-bit/s/Hz Spectral Efficiency using OFDM/OQAM 64-QAM Signals over Pol-Muxed 22 Orbital Angular Momentum（OAM）Modes[C]. Optical fiber communication conference，2014：1-3.

[80] KRENN M，FICKLER R，FINK M，et al. Communication with spatially modulated light through turbulent air across Vienna[J]. New Journal of Physics，2014，16(11)：113028.

[81] WEI X，LIU C，NIU L，et al. Generation of arbitrary order Bessel beams via 3D printed axicons at the terahertz frequency range[J]. Applied Optics，2015，54(36)：10641-10649.

[82] LIANG Y，HU Y，SONG D，et al. Image signal transmission with Airy beams[J]. Optics Letters，2015，40(23)：5686-5689.

[83] MILIONE G，NGUYEN T A，LEACH J，et al. Using the nonseparability of vector beams to encode information for optical communication [J]. Optics Letters，2015，40(21)：4887-4890.

[84] ZHAO N，LI X，LI G，et al. Capacity limits of spatially multiplexed free-space communication [J]. Nature Photonics，2015，9（12）：822-826.

[85] LI S，XU Z，LIU J，et al. Experimental demonstration of free-space optical communications using orbital angular momentum （OAM array encoding/decoding [C]. Conference on lasers and electro optics，2015：1-2.

[86] LI S，WANG J. Performance evaluation of analog signal transmission in an orbital angular momentum multiplexing system[J]. Optics Letters，2015，40(5)：760-763.

[87] FANG L，WANG J. Flexible generation/conversion/exchange of

fiber-guided orbital angular momentum modes using helical gratings [J]. Optics Letters，2015，40(17)：4010-4013.

[88] ZHU L，WANG J. Demonstration of obstruction-free data-carrying N-fold Bessel modes multicasting from a single Gaussian mode[J]. Optics Letters，2015，40(23)：5463-5466.

[89] DU J，WANG J. High-dimensional structured light coding/decoding for free-space optical communications free of obstructions[J]. Optics Letters，2015，40(21)：4827-4830.

[90] XIE G，LI L，REN Y，et al. Performance metrics and design considerations for a free-space optical orbital-angular-momentum – multiplexed communication link[J]. Optica，2015，2(4)：357-365.

[91] WILLNER A E，HUANG H，YAN Y，et al. Optical communications using orbital angular momentum beams[J]. Advances in Optics and Photonics，2015，7(1)：66-106.

[92] XIE G，REN Y，HUANG H，et al. Phase correction for a distorted orbital angular momentum beam using a Zernike polynomials-based stochastic-parallel-gradient-descent algorithm[J]. Optics Letters，2015，40(7)：1197-1200.

[93] MILIONE G，LAVERY M P J，HUANG H，et al. 4 × 20 Gbit/s mode division multiplexing over free space using vector modes and a q-plate mode (de)multiplexer[J]. Optics Letters，2015，40(9)：1980-1983.

[94] WILLNER A J，REN Y，XIE G，et al. Experimental demonstration of 20 Gbit/s data encoding and 2 ns channel hopping using orbital angular momentum modes[J]. Optics Letters，2015，40(24)：5810-5813.

[95] REN Y，XIE G，HUANG H，et al. Turbulence compensation of an orbital angular momentum and polarization-multiplexed link using a data-carrying beacon on a separate wavelength[J]. Optics Letters，2015，40(10)：2249-2252.

[96] REN Y，WANG Z，XIE G，et al. Free-space optical communications using orbital-angular-momentum multiplexing combined with MIMO-based spatial multiplexing [J]. Optics Letters，2015，40 (18)：4210-4213.

[97] RENY，WANG Z，LIAO P，et al. 400-Gbit/s free-space optical communications link over 120-meter using multiplexing of 4 collocated orbital-angular-momentum beams [C]. Optical fiber communication conference，2015：1-3.

[98] ZHAO Z，REN Y，XIE G，et al. Experimental demonstration of 16-Gbit/s millimeter-wave communications link using thin metamaterial plates to generate data-carrying orbital-angular-momentum beams. In IEEE International Conference，2015：1392-1397.

[99] KRENN M，HANDSTEINER J，FINK M，et al. Twisted light transmission over 143 km [J]. Proceedings of the National Academy of Sciences of the United States of America，2016，113 (48)：13648-13653.

[100] YAN Y，LI L，ZHAO Z，et al. 32-Gbit/s 60-GHz millimeter-wave wireless communication using orbital angular momentum and polarization multiplexing [C]. International conference on communications，2016：1-6.

[101] XIE G，REN Y，YAN Y，et al. Experimental demonstration of a 200-Gbit/s free-space optical link by multiplexing Laguerre-Gaussian beams with different radial indices[J]. Optics Letters，2016，41(15)：3447-3450.

[102] AHMED N，ZHAO Z，LI L，et al. Mode-division-multiplexing of multiple Bessel-Gaussian beams carrying orbital-angular-momentum for obstruction-tolerant free-space optical and millimetre-wave communication links. Scientific Reports，2016，

6：22082.

[103] TRICHILI A，SALEM A B，DUDLEY A，et al. Encoding information using Laguerre Gaussian modes over free space turbulence media[J]. Optics Letters，2016，41(13)：3086-3089.

[104] ZHAO Y，LIU J，DU J，et al. Experimental demonstration of 260-meter security free-space optical data transmission using 16-QAM carrying orbital angular momentum（OAM）beams multiplexing[C]. Optical fiber communication conference，2016：1-3.

[105] REN Y，LI L，WANG Z，et al. Orbital angular momentum-based space division multiplexing for high-capacity underwater optical communications[J]. Scientific Reports，2016，6(1)：33306.

[106] REN Y，WANG Z，LIAO P，et al. Experimental characterization of a 400 Gbit/s orbital angular momentum multiplexed free-space optical link over 120 m[J]. Optics Letters，2016，41（3）：622-625.

[107] YANG Y，THIRUNAVUKKARASU G，BABIKER M，et al. Orbital-angular-momentum mode selection by rotationally symmetric superposition of chiral states with application to electron vortex beams[J]. Physical Review Letters，2017，119（9）：094802.

[108] KAI P，HAOQIAN S，ZHE Z，et al. 400-Gbit/s QPSK free-space optical communicationlink based on four-fold multiplexing of Hermite-Gaussian or Laguerre-Gaussian modes by varying both modal indices[J]. Optics Letters，2018，43(16)：3889-3892.

[109] ZHANG Y，WANG J，ZHANG W，et al. LED-based visible light communication for color image and audio transmission utilizing orbital angular momentum superposition modes[J]. Optics Express，2018，26(13)：17300-17311.

［110］ KARAHROUDI M K，MOOSAVI S A，MOBASHERY A，et al. Performance evaluation of perfect optical vortices transmission in an underwater optical communication system［J］. Applied Optics，2018，57(30)：9148-9154.

［111］ BOUCHARD F，SIT A，HUFNAGEL F，et al. Quantum cryptography with twisted photons through an outdoor underwater channel［J］. Optics Express，2018，26(17)：22563-22573.

［112］ WILLNER A E，ZHAO Z，REN Y，et al. Underwater optical communications using orbital angular momentum-based spatial division multiplexing［J］. Optics Communications，2018，408：21-25.

［113］ ZHU L，ZHU G，WANG A，et al. 18 km low-crosstalk OAM + WDM transmission with 224 individual channels enabled by a ring-core fiber with large high-order mode group separation［J］. Optics Letters，2018，43(8)：1890-1893.

［114］ SONG H，SONG H，ZHANG R，et al. Experimental mitigation of atmospheric turbulence effect using pre-channel combining phase patterns for uni- and bi-directional free-space optical links with two 100-Gbit/s OAM-multiplexed channels［C］. Optical fiber communication conference，2019.

［115］ ZHAO Y，LI J，ZHONG X，et al. Physical-layer security in fractional orbital angular momentum multiplexing under atmospheric turbulence channel［J］. Optics Express，2019，27(17)：23751-23762.

［116］ LI L，ZHANG R，LIAO P，et al. Mitigation for turbulence effects in a 40-Gbit/s orbital-angular-momentum-multiplexed free-space optical link between a ground station and a retro-reflecting UAV using MIMO equalization［J］. Optics Letters，2019，44(21)：5181-5184.

［117］ MPHUTHI N，GAILELE L，LITVIN I，et al. Free-space optical communication link with shape-invariant orbital angular momentum Bessel beams［J］. Applied Optics，2019，58（16）：4258-4264.

［118］ LI Y B，LI A，CUI T J，et al. Four-channel orbital angular momentum beam multiplexer designed with low-profile metasurfaces［J］. Journal of Physics D，2019，52(2)：025108.

［119］ LIU Z，YAN S，LIU H，et al. Superhigh-resolution recognition of optical vortex modes assisted by a deep-learning method［J］. Physical Review Letters，2019，123(18)：183902.

［120］ YANG Y，YE X，NIU L，et al. Generating terahertz perfect optical vortex beams by diffractive elements［J］. Optics Express，2020，28 (2)：1417-1425.

［121］ ZHANG R，SONG H，ZHAO Z，et al. Simultaneous turbulence mitigation and channel demultiplexing for two 100-Gbit/s orbital-angular-momentum-multiplexed beams by adaptive wavefront shaping and diffusing［J］. Optics Letters，2019，45(3)：702-705.

［122］ WIEDEMANN J，NELSON C，AVRAMOVZAMUROVIC S，et al. Scintillation of laser beams carrying orbital angular momentum propagating in a near-maritime environment ［J］. Optics Communications，2020，458：124836.

［123］ YANG D，YANG Y，WANG J，et al. Probability distribution of Airy beams with correlated orbital-angular-momentum states in moderate-to-strong maritime atmospheric turbulence［J］. Optics Communications，2020，458：124617.

第 2 章　涡旋光的基本特性

2.1　涡旋光的概念

众所周知,相位、振幅和偏振态分布是光波的基本属性,在传统光学研究中,对光场的研究主要集中在光场横截面偏振态均匀分布的光场,即标量场。随着技术的发展,各种光学仪器性能的提高,人们开始注意到偏振态分布不均匀的光场,并同时对光场的相位、振幅、偏振态进行调控。随着激光技术的不断发展,涡旋光吸引了越来越多研究学者的关注,得益于自身具备的许多新颖物理特性,如携带轨道角动量、空间中近似无衍射传播、显著的自愈功能,其在量子存储[1-3]、光学操控[4,5]、高超分辨显微成像[6,7]及光通信[8-11]等领域具有广阔的应用前景。图 2.1 给出了目前涡旋光在不同研究领域的应用示例。

近年来,涡旋光具有的轨道角动量特性引起了越来越多的研究学者的关注。使用轨道角动量模态对信息进行编译码,理论上可以无限地拓展通信系统容量,为通信系统扩容提供极具诱人的前景,成为解决"通信新容

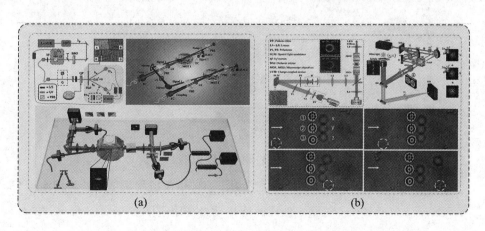

(a)　　　　　　　　　　　　　　(b)

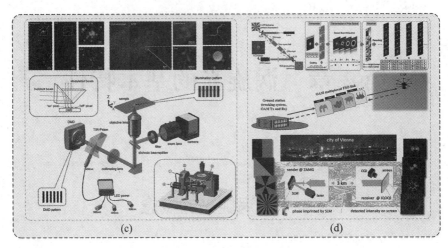

图 2.1　涡旋光在不同领域的应用

（a）量子存储；（b）光学操控；（c）高超分辨显微成像；（d）光通信

量危机"潜在的有力手段。因为轨道角动量是电磁波的基本属性，不仅在光波段，在其他所有频段的电磁波均可携带。如图 2.2 所示，不仅在光波段，在太赫兹波段[12-30]、微波波段[31-40]以及毫米波段[41-47]，对轨道角动量的研究也如雨后春笋，不断涌现出新成果。

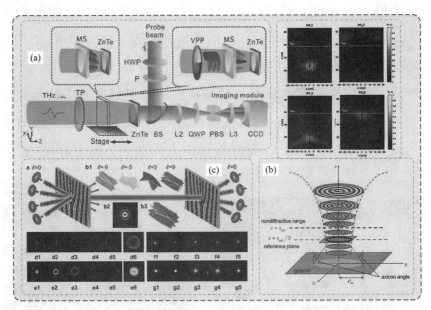

图 2.2　不同波段的轨道角动量研究

（a）太赫兹波段轨道角动量复用/解复用；（b）微波波段轨道角动量传输；

（c）毫米波段轨道角动量复用通信

2.2　涡旋光的特性

　　光作为一种电磁波，不仅具有能量，且具有动量。动量又有线动量和角动量之分。线动量可以使粒子平移，角动量可以使粒子转动。人们对于光的角动量最先的认识是自旋角动量。1992 年，荷兰科学家 Allen 等[48]发现波前具有相位因子 $\exp(il\theta)$ 的光场具有轨道角动量，其数值大小为 $l\hbar$，l 为拓扑荷数，也表示轨道角动量的量子数。如图 2.3 所示，这种光束的特点是具有相同相位点构成的等相位面（波振面）呈现三维螺旋结构，光场中心存在相位奇点致使光场中心位置光强为零。随着研究的深入，采用具有空间螺旋相位分布的涡旋光进行编译码通信成为当前的研究前沿领域。

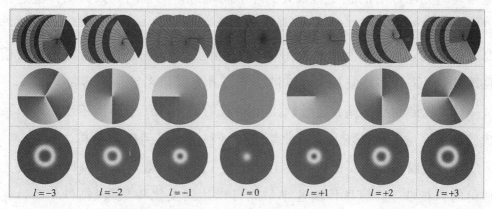

图 2.3　携带轨道角动量模态的涡旋光波前、相位及光强分布

　　与传统光通信方式相比，基于轨道角动量涡旋光编译码的光通信具有以下特点：

　　（1）正交特性：携带不同轨道角动量模态的涡旋光之间具有固有的正交性，当两束或多束涡旋光的轨道角动量量子数取值不同时，光场之间的正交结果为零；当轨道角动量的量子数取值相同时，正交结果为非零值。这种特性为采用携带不同量子模态的涡旋光进行信息编码提供了有利的条件。

　　若轨道角动量量子数分别取 l_1 和 l_2 的涡旋光共轴传输，正交特性满足如下关系[49]：

$$(u_{l_1},u_{l_2}) = \iint u_{l_1}(r,\theta,z)u_{l_2}^*(r,\theta,z)r\,dr\,d\theta = \begin{cases} \iint |u_{l_1}|^2 r\,dr\,d\theta, & l_1 = l_2 \\ 0, & l_1 \neq l_2 \end{cases}$$

$$(2-1)$$

（2）多维性：普通高斯光束仅具备自旋角动量，且已知自旋角动量只包含左旋和右旋两种状态。这意味着将自旋角动量用于信息编码时，仅能表示 0 和 1 两个代码，即一个光子携带 1 bit 的信息量。用携带轨道角动量的涡旋光进行信息编码则完全不同，除了携带自旋角动量外还有轨道角动量，由于轨道角动量的量子数可取任意整数值，可构成无限维度的希尔伯特空间，因此采用 N 个不同的轨道角动量模态进行信息编码，可以代表 N 种符号状态，每传输一种模态可表示$\log_2 N$bit 的信息。此外，根据轨道角动量光场固有的正交特性，携带不同轨道角动量的光束共轴传输时在理论上可以相互分开，因此将 N 个不同轨道角动量复用，可构造出 2^N 进制编码方式，此时每个光子表示 Nbit 的信息。若将复用的涡旋光作为信息载波，再进行多路复用，可以进一步提升光通信系统信道容量。

（3）频谱利用率高：通过轨道角动量的复用，在相同信道中，通信系统的通信容量将成倍增加，因此信道频谱利用率得到极大提高。

（4）传输速率高：目前实验上已论证了使用轨道角动量编译码实现光通信的可行性，其信息传输速率最高可以达到皮比特量级（每秒 100 万亿比特）[50-52]。

（5）保密安全性高：光束在空间中传播时不可避免会受到大气散射的影响，对于传统的自由空间光通信，经散射后的光束很容易被窃听者截获，给信息的安全性传输造成极大隐患。但通过对轨道角动量进行数据编码则不同，尽管光束同样会遭受散射影响，窃听者却几乎不可能窃听到传输的信息，这是由轨道角动量固有的特性决定的（相位结构随时间发生随机变化），即使携带信息的轨道角动量光场被部分截获，也很难恢复出正确的轨道角动量模态[8]。除非窃听者将窃听光场接收装置直接放到信息传输链路上截获整个传输光场，但这种情况一方面会导致通信链路中断，引起通信双方的警觉，暴露窃听任务；另一方面，需要搭建光学检测平台对轨道角动量模态进行检测识别，再经过积累一定的数据量寻找出编码规律对信息进行破译，这些过程不是轻而易举就能实现的。因此，用轨道角动量进行信息编码，无需设计额外的数学加密算法，就能保证数据传输的安全性。

（6）量子纠缠特性：在傍轴近似下，涡旋光 N 个光子携带的总能量为 $N\hbar\omega$，每个光子携带轨道角动量等于 $l\hbar$，表明轨道角动量是一份一份的，反映了涡旋光携带的轨道角动量具有量子特性。用轨道角动量作为量子通信资源得到了学者们的广泛关注[53,54]。

2.3　几种典型的涡旋光

2.3.1　拉盖尔-高斯光束

作为一种最常见的涡旋光，拉盖尔-高斯光束无论在理论方面还是实验上，都得到广泛研究。这里首先给出拉盖尔-高斯光束的光场表达式，进而数值模拟光场在自由空间中传输的光强和相位分布。

柱坐标系下，拉盖尔-高斯光束自由空间中传输到任意位置，广义复振幅光场表达式表示为

$$E_p^l(r,\theta,\zeta)=\frac{r^{|l|}}{\omega^\tau(\zeta)}L_p^{|l|}\left[\frac{r^2}{T}\right]\exp\left[-\frac{r^2}{\omega_0^2(1+\mathrm{i}\zeta)}+\mathrm{i}kz-\mathrm{i}l\theta-\mathrm{i}\Psi\right]$$

$$(2-2)$$

式中，(r,θ) 表示极坐标下的坐标，$\omega(\zeta)$ 是光束传播到 $\zeta=z/z_R$ 处的光斑半径，z_R 表示瑞利长度，$k=2\pi/\lambda$ 表示光波波数，λ 代表激光波长，Ψ 表示光场的古伊相位，$L_p^l(\cdot)$ 是光束的缔合拉盖尔多项式，p 和 l 分别表示拉盖尔-高斯光束的径向系数和角向系数。公式（2-2）中缔合拉盖尔多项式展开为

$$L_p^l(x)=\sum_{j=0}^p(-1)^j\mathrm{C}_{p-j}^{p+l}\frac{x^j}{j!}\qquad(2-3)$$

当 $\tau=p+|l|+1$，$T=\omega_0^2(1+\mathrm{i}\zeta)$，且 $\Psi=(p+|l|+1)\arctan\zeta$ 时，公式（2-2）表示完美拉盖尔-高斯光束的光场，即

$$E_p^l(r,\theta,\zeta)=\frac{r^{|l|}}{\omega^{p+|l|+1}(\zeta)}L_p^{|l|}\left[\frac{r^2}{\omega_0^2(1+\mathrm{i}\zeta)}\right]\times$$

$$\exp\left[-\frac{r^2}{\omega_0^2(1+\mathrm{i}\zeta)}+\mathrm{i}kz-\mathrm{i}l\theta-\mathrm{i}(p+|l|+1)\arctan\zeta\right] \quad (2-4)$$

当 $\tau=|l|+1$，$T=\omega^2(\zeta)/2$，且 $\Psi=(2p+|l|+1)\arctan\zeta$ 时，公式（2-4）退化为标准拉盖尔-高斯光束，可以得到标准拉盖尔-高斯光束的光场表达式为

$$E_p^l(r,\theta,\zeta)=\frac{r^{|l|}}{\omega^{|l|+1}(\zeta)}L_p^{|l|}\left[\frac{2r^2}{\omega^2(\zeta)}\right]\times$$

$$\exp\left[-\frac{r^2}{\omega_0^2(1+\mathrm{i}\zeta)}+\mathrm{i}kz-\mathrm{i}l\theta-\mathrm{i}(2p+|l|+1)\arctan\zeta\right] \quad (2-5)$$

目前，多数文献研究的是标准拉盖尔-高斯光束，并直接称之为拉盖尔-高斯光束，而不再作特殊说明，因此在后续章节中，若无特别提示，本书中拉盖尔-高斯光束都默认代表标准拉盖尔-高斯光束。

当拉盖尔-高斯光束的径向系数取非零值时（$p\neq0$），公式（2-5）表示径向高阶拉盖尔-高斯光束表达式可以写为

$$E_p^l(r,\theta,z)=\sqrt{\frac{2p!}{\pi(p+|l|!)}}\frac{1}{\omega(z)}\left[\frac{r\sqrt{2}}{\omega(z)}\right]^{|l|}L_p^{|l|}\left[\frac{2r^2}{\omega^2(z)}\right]\exp\left[-\frac{r^2}{\omega^2(z)}\right]\times$$

$$\exp\left[-\frac{\mathrm{i}kr^2}{2R(z)}-\mathrm{i}kz-\mathrm{i}l\theta+\mathrm{i}(2p+|l|+1)\psi(z)\right] \quad (2-6)$$

若光束的径向系数取零值（$p=0$），此时缔合拉盖尔多项式 $L_p^l(\cdot)=1$，可以得到对应的径向低阶拉盖尔-高斯光束的光场为

$$E_p^l(r,\theta,z)=\sqrt{\frac{2p!}{\pi|l|!}}\frac{1}{\omega(z)}\left[\frac{r\sqrt{2}}{\omega(z)}\right]^{|l|}\exp\left[-\frac{r^2}{\omega^2(z)}\right]\exp(-\mathrm{i}l\theta)\times$$

$$\exp(\mathrm{i}\phi)\exp\left[-\mathrm{i}\left(kz+\frac{kr^2}{2R(z)}\right)\right] \quad (2-7)$$

根据公式（2-4）和（2-5），绘制自由空间传输中两种光场光强分布，如图 2.4 和图 2.5 所示。仿真参数设置为：入射光波波长 $\lambda=532~\mathrm{nm}$，束腰半径 $\omega_0=5~\mathrm{mm}$，光束径向系数 $p=1$，角向系数 $l=1$。从图中可以看

出，无论对于完美拉盖尔-高斯光束，还是标准拉盖尔-高斯光束，在源平
面位置和传输一定距离后，光场光强均呈现暗中空结构分布形态，且随着
光束在自由空间中传输距离逐渐增大，光斑半径随之展宽。比较图 2.4 和
图 2.5 还可以观察到，对于完美拉盖尔-高斯光束，光场横截面光强分布
始终保持单个亮环结构；同等条件下，标准拉盖尔-高斯光束横截面光强
分布表现为多个同心分布的亮环形态。

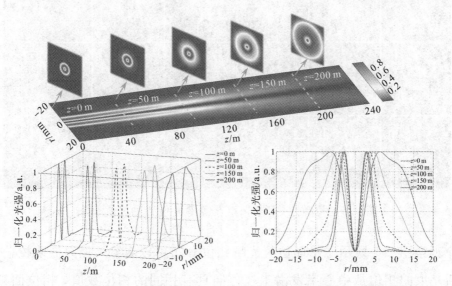

图 2.4　完美拉盖尔-高斯光束在自由空间传输不同距离对应的光强分布

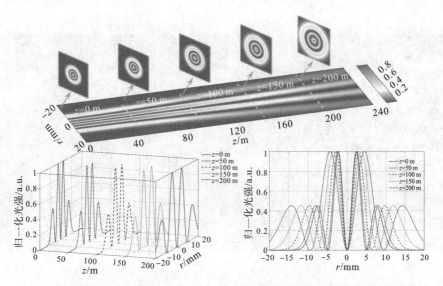

图 2.5　标准拉盖尔-高斯光束在自由空间传输不同距离对应的光强分布

为进一步观察拉盖尔-高斯光束光场分布特征，基于光场表达式(2-6)与(2-7)，通过数值仿真模拟讨论了光束参量 p 和 l 取不同数值对光场分布形态的影响，同时比较光场在源平面和自由空间传输一定距离后对应的光强和相位衍化特性，如图 2.6 所示。

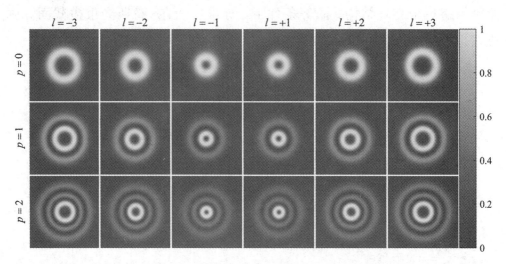

图 2.6 拉盖尔-高斯光束在源平面位置的光强分布

观察图 2.7 所示源平面位置光场相位分布可以看到，径向低阶拉盖尔-高斯光束的相位从中心出发沿半径方向具有相同的相位数值，相位面被分为 $|l|$ 个区域，每个区域的相位值沿顺时针($l>0$)或逆时针($l<0$)方向从 0

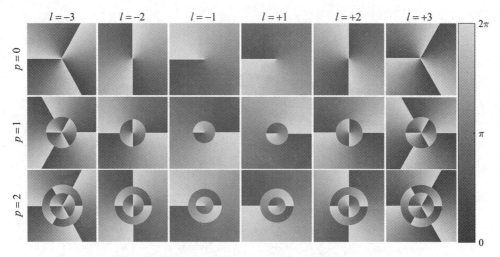

图 2.7 拉盖尔-高斯光束在源平面位置的相位分布

逐渐增大到 2π。而对于径向高阶拉盖尔-高斯光束，相位分布除了沿径向等值分布外，还有 $p+1$ 个圆截线，在每个圆截线包围的区域内，各区域组成是以相位奇点为中心的同心圆，相位的数值大小同样按照顺时针或逆时针的方向从 0 逐渐增大到 2π。同时还观察到，无论径向系数 p 取偶数或奇数，所有区域内的相位变化方向保持一致，均为同时沿顺时针($l>0$)或逆时针($l<0$)从 0 递增到 2π，即光场等相位面变化方向取决于拓扑荷 l 符号的正负，径向系数 p 决定相位分布圆截线的个数。

为研究拉盖尔-高斯光束在自由空间传输过程中的光强和相位衍化特性，分别绘制光场传输不同距离后的光强和相位分布图。如图 2.8 所示，以 $p=\{0,2\}$，$l=+3$ 组合模态拉盖尔-高斯光束为例，模拟传输距离 $z=0,50,100$ m 处光场光强分布。由图 2.8 可以观察到，无论光场径向参数 p 是否取非零值，随着光束在空间传输距离越来越远，光斑尺寸随之逐渐增大，这是由于衍射现象造成的光束展宽。此外，值得注意的是，光场传输到任意位置处，横截面光强的暗中空结构始终保持不变，说明拉盖尔-高斯光束在自由空间传输具有稳定的相位奇异性。

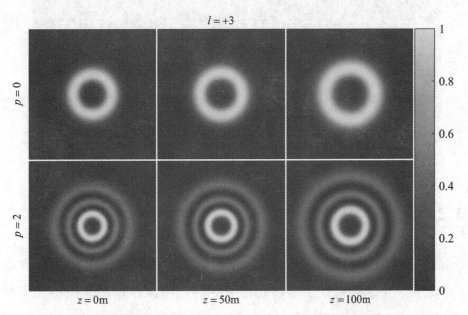

图 2.8　拉盖尔-高斯光束在自由空间传输不同距离对应的光强分布

以 $p=\{0,2\}$，$l=\pm3$ 组合模态拉盖尔-高斯光束为研究对象，讨论传输到 $z=0,50,100$ m 处光场相位分布。从图 2.9 可以看到，拉盖尔-高斯光束传输一段距离后，光场的等相位线发生弯曲，呈现出螺旋状的等相位结构，且传输距离越远，等相位面的弯曲程度越大。这种现象可以从理论上得到解释，根据公式 (2-6) 可知，光场的相位因子与传输距离 z 有关，因此光束在自由空间传播过程中相位结构会产生动态变化。进一步观察还可以发现，等相位线的扭曲方向和拓扑荷 l 取值符号相关，即 $l>0$ 时，等相位线沿逆时针方向发生弯曲；若 $l<0$，按照顺时针方向发生弯曲。

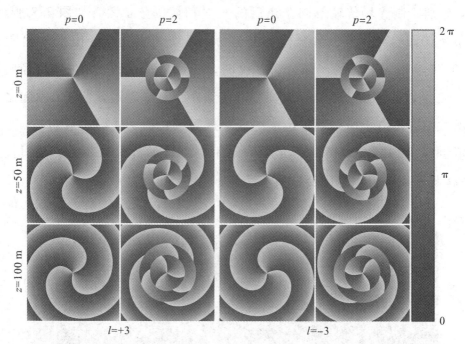

图 2.9 拉盖尔-高斯光束在自由空间传输不同距离对应的相位分布

2.3.2 贝塞尔-高斯光束

光束在空间传播时发生衍射，导致光斑尺寸展宽，在实际工程应用中，如光镊、光学精密加工等迫切需要一种长距离传输也能保持无发散的光源。1988 年 Durnin 等人[55]通过求解自由空间中的标量赫姆霍兹方程，首次提出贝塞尔光束的概念，并指出该类型光束在自由空间中传播时，不发生衍射现象，即在空间中传输到任意位置，垂直于光场传输方向上任何平面上，光束的光强分布形态始终与源场保持一致，光束的光强和尺寸不发生改变。零阶贝塞尔光束可以表示为

$$E(r,\theta,z,t)=A_0\exp[\mathrm{i}(k_z z-\omega t)]J_0(k_r r) \qquad (2-8)$$

式中，k_r 和 k_z 分别代表光场在径向及横向的波矢分量，$J_0(\cdot)$ 为零阶贝塞尔函数。

根据贝塞尔光束表达式(2-8)可知，求解贝塞尔光束的强度分布，是非平方可积的，这意味着需要无穷大的能量才能产生需要的零阶贝塞尔光束，在实际中这是不可能实现的。为了既符合物理规律又能得到一种无衍射的光波场，提出一种准无衍射的贝塞尔-高斯光束。贝塞尔-高斯光束在一定传输范围内可以保持很好的无衍射特性，且具有自愈功能，即光束在传播链路中遇到障碍物遮挡，光场经过障碍物后可恢复到不经过障碍物之前的形态。在柱坐标系下，贝塞尔-高斯光束的光场表达式为[56-58]

$$E_m(r,\theta,z)=-\frac{\exp(\mathrm{i}kz)}{1+2\mathrm{i}\beta z}\exp(\mathrm{i}m\theta)\exp\left[-\frac{\mathrm{i}k_r^2 z+2\beta k^2 r^2}{2k(1+2\mathrm{i}\beta z)}\right]J_m\left(\frac{k_r r}{1+2\mathrm{i}\beta z}\right)$$

$$(2-9)$$

式中，$k=2\pi/\lambda$ 为光波波数，β 常量为复常量，$J_m(\cdot)$ 表示 m 阶第一类贝塞尔函数，m 是贝塞尔-高斯光束的阶数。$m=0$ 时，式(2-9)表示零阶贝塞尔-高斯光束；$m\neq0$ 时，式(2-9)表示高阶贝塞尔-高斯光束的光场表达式。

根据公式(2-9)，可以画出贝塞尔-高斯光束在径向平面上的光强和相位分布。零阶贝塞尔-高斯光束($m=0$)和高阶贝塞尔高斯光束($m=1$, 2,3)分别传输到距离源平面位置 $z=0,z=z_R$ 处的相位和光强分布，如图 2.10 所示。图中仿真参数设置为：半锥角 $\varphi=15°$，束腰半径 $\omega_0=2\lambda$。图 2.10(a)显示了阶数为 $m=0,m=1,m=6$ 的贝塞尔-高斯光束在传输距离 $z=0,z=z_R$ 处的光强。由图 2.10 可知，对高阶贝塞尔-高斯光束，横截面强度分布表现为一个暗中空结构的亮环，当光场传输一定距离后光斑尺寸逐渐增大，依然能保持环状形态。对阶数 $m=0$ 贝塞尔-高斯光束，光强分布不再是中心暗斑，表现为实心的亮斑，光场退化为基模高斯光束。可以

从理论上解释该现象，令 $m=0$，$q(z)=1+2\mathrm{i}\beta z$，对公式(2-9)进行化简，可以得到

$$E_0(r,\theta,z)=-\frac{\exp(\mathrm{i}kz)}{q(z)}\exp\left[-\frac{r^2}{\omega_0^2}\frac{1}{q(z)}\right]\exp\left[-\frac{\mathrm{i}k_r^2z}{2kq(z)}\right]\mathrm{J}_0\left(\frac{k_r r}{q(z)}\right)$$

$$(2-10)$$

显然，式(2-10)中包含基模高斯光束表达因子。

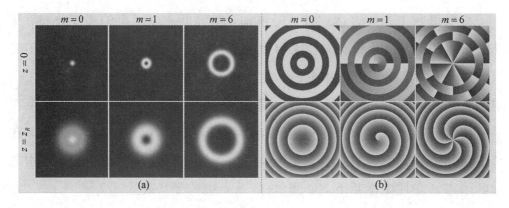

图 2.10　不同阶数贝塞尔-高斯光束传输不同距离的径向平面光强与相位分布
（a）贝塞尔-高斯光束光强分布；（b）贝塞尔-高斯光束相位分布

图 2.10(b)展示了不同阶数贝塞尔-高斯光束在 $z=0,z=z_R$ 处的相位分布，从公式(2-9)可知，贝塞尔-高斯光束光场表达式包含有相位因子 $\exp(\mathrm{i}m\theta)$，也即贝塞尔-高斯光束携带轨道角动量，因此可以观察到高阶贝塞尔-高斯光束具有螺旋型相位波前。在垂直于传播方向的横截面上相位值从 0 到 2π 呈现周期性的变化规律，且变化次数等于光场阶数。当贝塞尔-高斯光束传输一定距离后，等相位线沿逆时针方向发生弯曲，传输距离越远扭曲程度越大。

2.3.3　完美涡旋光

前面介绍的携带轨道角动量的光场，拉盖尔-高斯光束和贝塞尔-高斯光束的光斑尺寸都会随着拓扑荷取值的增大逐渐向外扩展，这是由光场固有特性决定的。光束在空间传播过程中，光场发生衍射，又进一步使光斑

发生扩展。在光通信系统接收端，捕获大尺寸的光斑需要布置大口径光学天线，且易造成光束非对准接导致能量浪费。因此，若能设计一种光斑尺寸不随光场阶数取值变化的光束则可以在很大程度上克服上述问题，完美涡旋光应运而生。

极坐标系下，理想状态完美涡旋光的光场复振幅表达式为[59]

$$u(r,\theta)=\delta(r-R)\exp(im\theta) \qquad (2-11)$$

式中，$\delta(\cdot)$为狄拉克函数，常数 R 决定完美涡旋光的光斑半径，m 是光场阶数。由于狄拉克函数在实际物理世界是不可能实现的，因此实验中无法直接产生公式(2-11)所描述的理想状态下的完美涡旋光。为了能产生完美涡旋光，可以选用具有实际物理意义的函数代替狄拉克函数。

实验中通常采用傅里叶变换的方法实现贝塞尔-高斯光束向完美涡旋光的转化，产生流程如图 2.11 所示。首先将激光器出射的基模高斯光束通过特殊设计的全息图或涡旋锥透镜[60-63]，先生成特定模式的贝塞尔-高斯光束，再将已调控的光束经过傅里叶透镜变换就得到了对应模态的完美涡旋光。

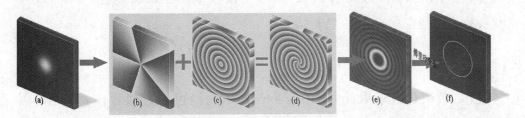

图 2.11　贝塞尔-高斯光束经透镜转换产生完美涡旋光示意图
（a）入射高斯光束；（b）螺旋相位；（c）锥镜相位；（d）产生贝塞尔-高斯光束的螺旋锥镜相位；（e）贝塞尔-高斯光束；（f）完美涡旋光

在此，对贝塞尔-高斯光束经傅里叶变换转化为完美涡旋光的过程作简要介绍。贝塞尔-高斯光束的复振幅光场表达式为

$$E(r,\theta)=J_m(k_r r)\exp\left(-\frac{r^2}{\omega_0^2}\right)\exp(im\theta) \qquad (2-12)$$

贝塞尔-高斯光束通过傅里叶透镜，经傅里叶变换后，光场表示为如下积分形式，即

$$E(r',\theta')=-\frac{\mathrm{i}k}{2\pi f}\int_0^\infty\int_0^{2\pi}E(r,\theta)\exp\left[-\frac{\mathrm{i}k}{f}rr'\cos(\theta-\theta')\right]r\mathrm{d}r\mathrm{d}\theta$$

$$(2-13)$$

式中，(r',θ') 表示接收平面上的极坐标，f 代表透镜的焦距。通过复杂的积分运算，公式（2-13）最终可以简化为

$$E(r',\theta')=\mathrm{i}^{m-1}\frac{\omega_0}{\omega}\exp\left(-\frac{r'^2-R^2}{\omega^2}\right)\mathrm{I}_m\left(\frac{2r'R}{\omega^2}\right)\exp(\mathrm{i}m\theta')\quad(2-14)$$

式中，ω 表示光斑亮环的宽度，R 为完美涡旋光的半径，$\mathrm{I}_m(\cdot)$ 表示 m 阶第一类修正贝塞尔函数。当 ω 取值较小且 R 取值较大时，公式（2-14）中的 $\mathrm{I}_m(2r'R/\omega^2)$ 乘积项近似为 $\exp(2r'R/\omega^2)$，即

$$\mathrm{I}_m\left(\frac{2r'R}{\omega^2}\right)\cong\exp\left(\frac{2r'R}{\omega^2}\right)\qquad(2-15)$$

将公式（2-15）代入公式（2-14）中，可得[64-66]

$$E(r',\theta')=\mathrm{i}^{m-1}\frac{\omega_0}{\omega}\exp\left[-\frac{(r'-R)^2}{\omega^2}\right]\exp(\mathrm{i}m\theta')\qquad(2-16)$$

为了对公式中的参数符号进行统一描述，并与前面小节中给出的光场表达式符号相一致，故将公式（2-16）中接收平面上的极坐标 (r',θ') 改写为 (r,θ)，式（2-16）可重写为

$$E(r,\theta)=\mathrm{i}^{m-1}\frac{\omega_0}{\omega}\exp\left[-\frac{(r-R)^2}{\omega^2}\right]\exp(\mathrm{i}m\theta)\qquad(2-17)$$

当 ω 数值趋近于取无穷小时，$\exp(2r'R/\omega^2)$ 可以近似看作 δ 函数，因此公式（2-17）可近似为

$$E(r,\theta)=\mathrm{i}^{m-1}\frac{\omega_0}{\omega}\delta(r-R)\exp(\mathrm{i}m\theta)\qquad(2-18)$$

比较公式（2-18）与公式（2-11）可知，贝塞尔-高斯光束经傅里叶变换得到的光场与在理想状态下完美涡旋光表达式保持高度一致，因此可以用傅里叶变换方法实现完美涡旋光的产生。

根据公式（2-17），画出了阶数取值为 $m=\pm1,\pm4,\pm10$ 时完美涡旋光的光强和相位分布，如图 2.12 所示。从图中可以看出完美涡旋光为空心光束，且无论光场阶数取任意数值，光束的横截面光强尺寸不发生改变。换句话说，完美涡旋光的光强分布形态与光场阶数 m 是不相关的。

由公式(2-17)可知，完美涡旋光的光斑半径和亮环宽度分别是由 R 和 ω 数值大小决定的。此外，完美涡旋光的相位分布呈现出环带状结构，同时相位波前沿环带从 0 到 2π 呈周期性变化。

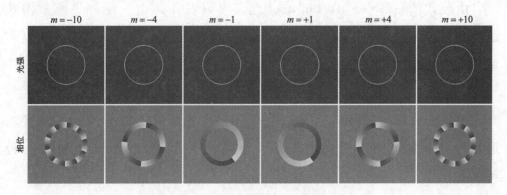

图 2.12　完美涡旋光的光强与相位分布

2.3.4　Lommel 光束

贝塞尔光束可以组成一组完全正交解，用具有相同径向波矢分量的贝塞尔模式线性叠加可以保持贝塞尔光束的无衍射特性。2014 年，Kovalev 等人[67]将贝塞尔模式进行线性叠加得到了一种新型的无衍射 Lommel 光束。作为一种无衍射光场，Lommel 光束不仅可以在一定传输范围内保持无衍射特性、遇障碍物自愈、携带轨道角动量，还具有影响光场分布的复参数，通过设置光场复参数取值，可对 Lommel 光场分布形态进行控制。

柱坐标系下，沿光轴传输方向，Lommel 光场复振幅表达式为[68-72]

$$E(r,\theta,z)=c^{-m}U_m[ck_rr\exp(i\theta),k_rr]\exp(ik_zz) \qquad (2-19)$$

式中，c 为复常数，l 是 Lommel 光束的拓扑荷数，$U_m(\cdot,\cdot)$ 表示 Lommel 函数。

Lommel 函数具体可以展开为

$$U_m(\alpha,\xi)=\sum_{s=0}^{\infty}(-1)^s\left(\frac{\alpha}{\xi}\right)^{m+2s}J_{m+2s}(\xi) \qquad (2-20)$$

式中，$J_{m+2s}(\cdot)$ 表示 $m+2s$ 阶第一类贝塞尔函数。将公式(2-20)带入公式(2-19)中，得到 Lommel 光束的具体表达式为

$$E(r,\theta,z)=\sum_{s=0}^{\infty}(-1)^{s}c^{2s}J_{m+2s}(k_r r)\exp(ik_z z)\exp[i(m+2s)\theta]$$

$$(2-21)$$

由公式(2-21)可知，Lommel 光束可以看作是由一系列贝塞尔模式线性叠加得到的。为保证求解 Lommel 光束光强时，光场平方可积，复常量 c 要满足 $|c|<1$。当 $c=0$ 时，光场将退化为

$$E(r,\theta,z)=J_m(k_r r)\exp(ik_z z)\exp(im\theta) \qquad (2-22)$$

根据公式(2-22)可以得到，当 Lommel 光束的复常量 $c=0$ 时，光场退化为贝塞尔光束。因此，贝塞尔光束可以看作 Lommel 光束的一种特解。

图 2.13 显示了阶数 $m=1$ 和 $m=4$ 的 Lommel 光束在复参数 c 取不同数值类型时得到的横截面光强和相位分布。从图中可以观察到光场光强分布符合以下规律：复参数 c 的模值越接近于零，光强分布向同阶数贝塞

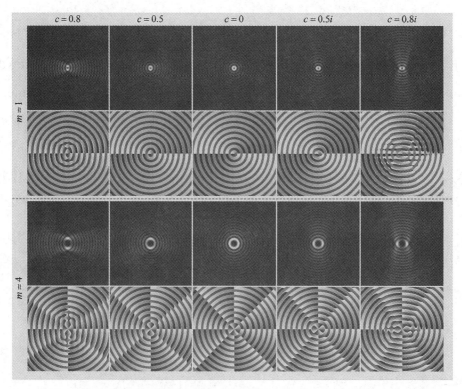

图 2.13　复常量 c 取不同数值时阶数 $m=1$ 和 $m=4$ 的 Lommel 光束
横截面光强和相位分布

尔光束逼近程度越大，$|c|\rightarrow 1$ 时，光强每个同心环状亮环的断裂越明显；当 c 在实数范围内取值时，横截面光强分布关于纵轴对称，c 为虚数时，横截面光强分布关于水平轴对称，即 Lommel 光束光强的空间分布位置与复参数 c 的取值类型有关；因为 Lommel 光束光场表达式中包含 $\exp(im\theta)$ 螺旋相位因子，所以中心光强为零，通过观察发现，当 $c\neq 0$ 时中心光强形态由圆环型渐变为椭圆环型，且 c 的模值越大，中心光强椭圆率越大；此外，Lommel 光束中心亮环尺寸与光场阶数 m 具有正相关关系。

对于 Lommel 光束相位分布，相位沿传输轴横截面呈现螺旋波前，且由内而外表现为多个同心圆，当 $c\neq 0$ 时，同心圆形态发生不规则扭曲，且越接近于传输轴扭曲程度越大。

参　考　文　献

[1] NICOLAS A，VEISSIER L，GINER L，et al. A quantum memory for orbital angular momentum photonic qubits［J］. Nature Photonics，2014，8(3)：234-238.

[2] DING D，ZHANG W，ZHOU Z，et al. Quantum storage of orbital angular momentum entanglement in an atomic ensemble［J］. Physical Review Letters，2015，114(5)：050502.

[3] NAGALI E，SCIARRINO F，DE MARTINI F，et al. Quantum information transfer from spin to orbital angular momentum of photons[J]. Physical Review Letters，2009，103(1)：013601.

[4] LI X，MA H，ZHANG H，et al. Is it possible to enlarge the trapping range of optical tweezers via a single beam[J]. Applied Physics Letters，2019，114(8)：081903.

[5] BHEBHE N，WILLIAMS P A，ROSALESGUZMAN C，et al. A vector holographic optical trap[J]. Scientific Reports，2018，8(1)：1-9.

[6] YAN L，KRISTENSEN P，RAMACHANDRAN S. Vortex fibers

for STED microscopy[J]. APL Photonics，2019，4(2)：022903.

[7]　DAN D，LEI M，YAO B，et al. DMD-based LED-illumination Super-resolution and optical sectioning microscopy[J]. Scientific Reports，2013，3(1)：1116-1116.

[8]　GIBSON G M，COURTIAL J，PADGETT M J，et al. Free-space information transfer using light beams carrying orbital angular momentum[J]. Optics Express，2004，12(22)：5448-5456.

[9]　KRENN M，FICKLER R，FINK M，et al. Communication with spatially modulated light through turbulent air across Vienna[J]. New Journal of Physics，2014，16(11)：113028.

[10]　DU J，WANG J. High-dimensional structured light coding/ decoding for free-space optical communications free of obstructions [J]. Optics Letters，2015，40(21)：4827-4830.

[11]　LI L，ZHANG R，ZHAO Z，et al. High-capacity free-space optical communications between a ground transmitter and a ground receiver via a UAV using multiplexing of multiple orbital-angular-momentum beams [J]. Scientific Reports，2017，7(1)：17427.

[12]　CHOPOROVA Y Y，KNYAZEV B A，OSINTSEVA N D，et al. Terahertz Bessel beams with orbital angular momentum：diffraction and interference[J]. EPJ Web of Conferences，2017，149：05003.

[13]　SIRENKO A A，MARSIK P，BERNHARD C，et al. Terahertz vortex beam as a spectroscopic probe of magnetic excitations[J]. Physical Review Letters，2019，122(23)：237401.

[14]　IMAI R，KANDA N，HIGUCHI T，et al. Generation of broadband terahertz Laguerre-Gaussian beam [C]. International quantum electronics conference，2013：1-1.

[15]　SOBHANI H，ROOHOLAMININEJAD H，BAHRAMPOUR A R，et al. Creation of twisted terahertz waves carrying orbital angular momentum via a plasma vortex[J]. Journal of Physics

D-Applied Physics，2016，49(29)：295107.

[16]　JIANG Y, LIU K, WANG H, et al. Orbital-angular-momentum-based ISAR imaging at terahertz frequencies[J]. IEEE Sensors Journal，2018，18(22)：9230-9235.

[17]　ZHOU H, DONG J, YAN S, et al. Generation of terahertz vortices using metasurface with circular slits[J]. IEEE Photonics Journal，2014，6(6)：1-7.

[18]　LIU C, WEI X, NIU L, et al. Discrimination of orbital angular momentum modes of the terahertz vortex beam using a diffractive mode transformer [J]. Optics Express，2016，24 (12)：12534-12541.

[19]　IMAI R, KANDA N, HIGUCHI T, et al. Generation of broadband terahertz vortex beams[J]. Optics Letters，2014，39(13)：3714-3717.

[20]　WANG H B, BAI Y, WU E, et al. Terahertz necklace beams generated from two-color vortex-laser-induced air plasma [J]. Physical Review A，2018，98(1)：013857.

[21]　KNYAZEV B A, CHOPOROVA Y Y, PAVELYEV V S, et al. Transmission of high-power terahertz beams with orbital angular momentum through atmosphere[C]. International conference on infrared, millimeter, and terahertz waves, 2016：1-2.

[22]　MENG Z K, SHI Y, WEI W Y, et al. Graphene-based metamaterial transmitarray antenna design for the generation of tunable orbital angular momentum vortex electromagnetic waves[J]. Optical Materials Express，2019，9(9)：3709-3716.

[23]　ZHAO H, QUAN B, WANG X, et al. Demonstration of orbital angular momentum multiplexing and demultiplexing based on a metasurface in the terahertz band[J]. ACS Photonics，2018，5(5)：1726-1732.

[24]　MIYAMOTO K, KANG B J, KIM W T, et al. Highly intense

monocycle terahertz vortex generation by utilizing a Tsurupica spiral phase plate[J]. Scientific Reports，2016，6(1)：38880-38880.

[25] MINASYAN A，TROVATO C，DEGERT J，et al. Geometric phase shaping of terahertz vortex beams[J]. Optics Letters，2017，42(1)：41-44.

[26] KNYAZEV B A，CHOPOROVA Y Y，MITKOV M S，et al. Generation of terahertz surface plasmon polaritons using nondiffractive bessel beams with orbital angular momentum[J]. Physical Review Letters，2015，115(16)：163901.

[27] HE J，WANG X，HU D，et al. Generation and evolution of the terahertz vortex beam [J]. Optics Express，2013，21（17）：20230-20239.

[28] GE S，CHEN P，SHEN Z，et al. Terahertz vortex beam generator based on a photopatterned large birefringence liquid crystal[J]. Optics Express，2017，25(11)：12349-12356.

[29] CHOPOROVA Y Y，KNYAZEV B A，KULIPANOV G N，et al. High-power Bessel beams with orbital angular momentum in the terahertz range[J]. Physical Review A，2017，96(2)：023846.

[30] CHANG Z，YOU B，WU L，et al. A Reconfigurable graphene reflectarray for generation of vortex thz waves[J]. IEEE Antennas and Wireless Propagation Letters，2016：1537-1540.

[31] SHI H，WANG L，CHEN X，et al. Generation of a microwave beam with both orbital and spin angular momenta using a transparent metasurface[J]. Journal of Applied Physics，2019，126(6)：063108.

[32] SABEGH Z A，MALEKI M A，MAHMOUDI M，et al. Microwave-induced orbital angular momentum transfer[J]. Scientific Reports，2019，9(1)：3519.

[33] YI J，CAO X，FENG R，et al. All-Dielectric Transformed material

for microwave broadband orbital angular momentum vortex beam [J]. Physical Review Applied，2019，12(2)：024064.

[34] YU S，LI L，SHI G，et al. Generating multiple orbital angular momentum vortex beams using a metasurface in radio frequency domain[J]. Applied Physics Letters，2016，108(24)：241901.

[35] LIU K，LIU H，QIN Y，et al. Generation of oam beams using phased array in the microwave band[J]. ieee transactions on antennas and propagation，2016，64(9)：3850-3857.

[36] EMILE O，BROUSSEAU C，EMILE J，et al. Electromagnetically induced torque on a large ring in the microwave range[J]. Physical Review Letters，2014，112(5)：053902.

[37] REN J，LEUNG K W. Generation of microwave orbital angular momentum states using hemispherical dielectric resonator antenna [J]. Applied Physics Letters，2018，112(13)：131103.

[38] CHEN M L，JIANG L J，SHA W E，et al. Detection of orbital angular momentum with metasurface at microwave band[J]. IEEE Antennas and Wireless Propagation Letters，2018，17（1）：110-113.

[39] COMITE D，FUSCALDO W，PAVONE S C，et al. Propagation of nondiffracting pulses carrying orbital angular momentum at microwave frequencies[J]. Applied Physics Letters，2017，110(11)：114102.

[40] YI J，GUO M，FENG R，et al. Design and validation of an all-dielectric metamaterial medium for collimating orbital-angular-momentum vortex waves at microwave frequencies[J]. Physical Review Applied，2019，12(3).

[41] SHEN Y，YANG J，MENG H，et al. Generating millimeter-wave Bessel beam with orbital angular momentum using reflective-type metasurface inherently integrated with source[J]. Applied Physics

Letters，2018，112(14)：141901.

[42] BI F，BA Z，WANG X，et al. Metasurface-based broadband orbital angular momentum generator in millimeter wave region[J]. Optics Express，2018，26(20)：25693-25705.

[43] ZHANG C，MA L. Millimetre wave with rotational orbital angular momentum[J]. Scientific Reports，2016，6(1)：31921-31921.

[44] JIANG Z H，KANG L，HONG W，et al. Highly Efficient broadband multiplexed millimeter-wave vortices from metasurface-enabled transmit-arrays of subwavelength thickness [J]. Physical Review Applied，2018，9(6)：064009.

[45] HUI X，ZHENG S，CHEN Y，et al. Multiplexed millimeter wave communication with dual orbital angular momentum (OAM) mode antennas[J]. Scientific Reports，2015，5(1)：10148-10148.

[46] SCHEMMEL P，MACCALLI S，PISANO G，et al. Three-dimensional measurements of a millimeter wave orbital angular momentum vortex [J]. Optics Letters，2014，39(3)：626-629.

[47] GE X，ZI R，XIONG X，et al. Millimeter wave communications with oam-sm scheme for future mobile networks[J]. IEEE Journal on Selected Areas in Communications，2017，35(9)：2163-2177.

[48] ALLEN L，BEIJERSBERGEN M W，SPREEUW R J，et al. Orbital angular momentum of light and the transformation of Laguerre-Gaussian laser modes[J]. Physical Review A，1992，45(11)：8185-8189.

[49] WANG X，LUO Y，HUANG H，et al. 18-Qubit entanglement with six photons' three degrees of freedom[J]. Physical Review Letters，2018，120(26)：260502.

[50] WANG J，LI S，LUO M，et al. N-dimentional multiplexing link with 1. 036-Pbit/s transmission capacity and 112. 6-bit/s/Hz spectral efficiency using OFDM-8QAM signals over 368 WDM pol-muxed 26 OAM modes [C]. European conference on optical communication，

2014：1-3.

[51] LI S，WANG J．A compact trench-assisted multi-orbital-angular-momentum multi-ring fiber for ultrahigh-density space-division multiplexing（19 rings × 22 modes）[J]．Scientific Reports，2015，4(1)：3853-3853.

[52] LEI T，ZHANG M，LI Y，et al．Massive individual orbital angular momentum channels for multiplexing enabled by Dammann gratings [J]．Light：Science and Applications，2015，4(3)：1-7.

[53] MIRHOSSEINI M，MAGANALOAIZA O S，OSULLIVAN M N，et al．High-dimensional quantum cryptography with twisted light [J]．New Journal of Physics，2015，17(3)：033033.

[54] DURNIN J E，MICELI J J，EBERLY J H，et al．Comparison of Bessel and Gaussian beams[J]．Optics Letters，1988，13（2）：79-80.

[55] EYYUBOGLU H T，SERMUTLU E，BAYKAL Y，et al．Intensity fluctuations in J-Bessel-Gaussian beams of all orders propagating in turbulent atmosphere[J]．Applied Physics B，2008，93(2)：605-611.

[56] DOSTER T，WATNIK A T．Laguerre-Gauss and Bessel-Gauss beams propagation through turbulence：analysis of channel efficiency[J]．Applied Optics，2016，55(36)：10239-10246.

[57] WANJUN W，ZHENSEN W，QINGCHAO S，et al．Propagation of Bessel Gaussian beams through non-Kolmogorov turbulence based on Rytov theory[J]．Optics Express，2018，26（17）：21712-21724.

[58] OSTROVSKY A S，RICKENSTORFFPARRAO C，ARRIZON V，et al．Generation of the "perfect" optical vortex using a liquid-crystal spatial light modulator[J]．Optics Letters，2013，38(4)：534-536.

[59] KOTLYAR V V，KOVALEV A A，SOIFER V A，et al．Sidelobe contrast reduction for optical vortex beams using a helical axicon

〔J〕. Optics Letters，2007，32(8)：921-923.

[60] WANG T，FU S，HE F，et al. Generation of perfect polarization vortices using combined gratings in a single spatial light modulator 〔J〕. Applied Optics，2017，56(27)：7567-7571.

[61] WANG T，GARIANO J，DJORDJEVIC I B，et al. Employing Bessel-Gaussian beams to improve physical-layer security in free-space optical communications〔J〕. IEEE Photonics Journal，2018，10(5)：1-13.

[62] WOJNOWSKI D，JANKOWSKA E，MASAJADA J，et al. Surface profilometry with binary axicon-vortex and lens-vortex optical elements 〔J〕. Optics Letters，2014，39(1)：119-122.

[63] SHAO W，HUANG S，LIU X，et al. Free-space optical communication with perfect optical vortex beams multiplexing〔J〕. Optics Communications，2018：545-550.

[64] WANG L，JIANG X，ZOU L，et al. Two-dimensional multiplexing scheme both with ring radius and topological charge of perfect optical vortex beam〔J〕. Journal of Modern Optics，2019，66(1)：87-92.

[65] LI X，MA H，YIN C，et al. Controllable mode transformation in perfect optical vortices〔J〕. Optics Express，2018，26(2)：651-662.

[66] LIU X，LI Y，HAN Y，et al. High order perfect optical vortex shaping〔J〕. Optics Communications，2019：93-96.

[67] KOVALEV A A，KOTLYAR V V. Lommel modes〔J〕. Optics Communications，2015，338：117-122.

[68] ALEXEY A K，VICTOR V K. Family of three-dimensional asymmetric nonparaxial Lommel modes〔J〕. Proc. SPIE，2014，9448：944828.

[69] YU L，ZHANG Y. Analysis of modal crosstalk for communication in turbulent ocean using Lommel-Gaussian beam〔J〕. Optics Express，2017，25(19)：22565-22574.

[70]　TANG L，WANG H，ZHANG X，et al. Propagation properties of partially coherent Lommel beams in non-Kolmogorov turbulence [J]. Optics Communications，2018：79-84.

[71]　CUI Z，SONG P，HUI Y，et al. Scattering of polarized non-diffracting Lommel beams by nonspherical homogeneous particles[J]. Journal of Quantitative Spectroscopy & Radiative Transfer，2018：238-247.

[72]　UCHIDA M，TONOMURA A. Generation of electron beams carrying orbital angular momentum[J]. Nature，2010，464(7289)：737-739.

第 3 章 涡旋光的产生

3.1 涡旋光产生方法概述

在无线光通信系统中，采用涡旋光作为信息传输的载波，首先要考虑的就是如何产生需要的涡旋光。如图 3.1 所示，目前已有大量文献对该部分内容进行了探讨，提出许多行之有效的涡旋光产生方法，如将普通高斯

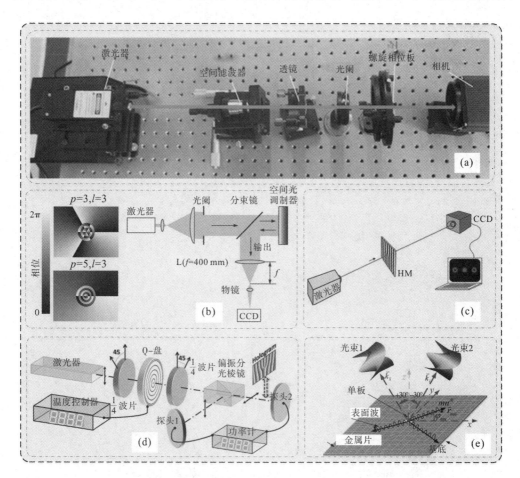

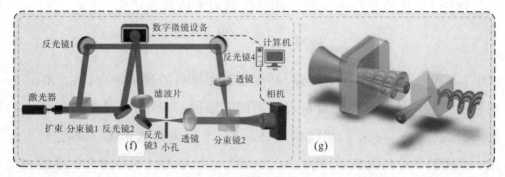

图 3.1 涡旋光产生方法

（a）螺旋相位板法；（b）液晶空间光调制器法；（c）计算全息法；（d）Q-盘；

（e）超表面产生法；（f）数字微镜元件产生法；（g）选模直接转换法

光束通过螺旋相位板（Spiral Phase Plate，SPP）得到具有螺旋相位结构的涡旋光[1-5]、计算全息法[6-11]、液晶空间光调制器法[12-16]、利用 Q-Plates 实现光场模态转化[17]、超表面调控[18-22]、数字微镜设备（Digital Micro-mirror Device，DMD）[23]以及通过选模直接产生涡旋光等方法[24]。在这些方法中，螺旋相位板、计算全息和液晶空间光调制器这三种方法是在实验中采用最多的方法，接下来针对这三种方法作详细介绍。

3.1.1 螺旋相位板法

作为一种特殊设计的光学衍射元件，通过设置螺旋相位板的高度分布，可以使入射光场通过螺旋相位板后，在传输方向上引入角向相位延迟即螺旋相位波前，从而产生携带轨道角动量的涡旋光。图 3.2 展示了拓扑荷取值设置为 $l=+1$ 时的螺旋相位板空间三维结构。

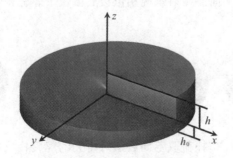

图 3.2 螺旋相位板厚度变化示意图

理论上，在极坐标系下螺旋相位板高度取值表达式为

$$h = h_0 + \frac{\lambda \theta l}{2\pi(n_{\mathrm{spp}} - n_0)} \qquad (3-1)$$

式中，h 和 h_0 表示螺旋相位板的高度和制作材料的基板厚度，n_{spp} 和 n_0 分别表示螺旋相位板材料和材料表面周围介质的折射率，λ 是设计元件有效的入射光波波长，l 表示相位板拓扑荷数，θ 代表极坐标系下的旋转方位角，且旋转方位角取值范围为 $\theta \in [0, 2\pi)$。由公式（3 - 1）可知，螺旋相位板的高度 h 的数值随着方位角 θ 取值的增加而发生线性变化。在真空环境中，螺旋相位板的总相位变化为

$$2\pi l = \frac{2\pi}{\lambda}(n_{\mathrm{spp}} - 1)h \qquad (3-2)$$

图 3.3 展示了平面波照射拓扑荷取值 $l = +1$ 的螺旋相位板后引入螺旋相位的过程。入射光场透过螺旋相位板后，光场在原始相位基础上重新叠加相位板相位延迟，实现光场相位调控。对于 $l > 1$ 的高阶模式，螺旋相位板被分割为厚度周期性单调变化的区域模块，每个区域模块相位延迟变化为 $0 \sim 2\pi$，从而使平面波通过高阶螺旋相位板后，赋予螺旋相位因子。如图 3.4 所示，给出了当拓扑荷 $l = +1, +3, +10, +20$ 时对应的螺旋相位板形态。

图 3.3　平面波照射螺旋相位板后被赋予螺旋相位的过程

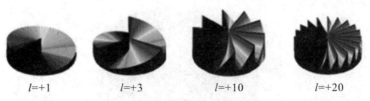

$l = +1$　　　　$l = +3$　　　　$l = +10$　　　　$l = +20$

图 3.4　拓扑荷取不同数值时得到的螺旋相位板形态

　　图 3.5 所示为实验上采用不同阶数螺旋相位板法调控产生得到的涡旋光横截面光强分布，从图中可以明显观察到调控后的光场光强中心呈现暗中空结构，说明入射平面波透过螺旋相位板后衍射光场附加上了螺旋相位因子，从而实现了涡旋光的调控产生。

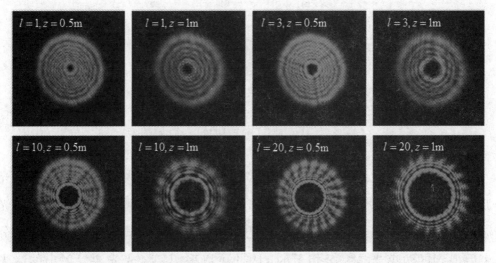

图 3.5　实验上采用不同阶数螺旋相位板法调控得到的涡旋光横截面光强分布[3]

3.1.2　计算全息法

　　自从摄影技术发明以来，"照相"这一词汇早已变得耳熟能详，普通照相术（Photography）原理就是用感光胶片记录下物体的空间光强分布信息。然而值得注意的是，物光波不仅包含有光强信息，还有相位分布信息，因此采用传统的照相技术丢失了三维物体发出光波的相位信息，导致不能完全再现物光波原始信息。1948 年，丹尼斯·盖伯（Dennis Gabor）[25]首次提出了一种可以同时完整记录物光波振幅和相位信息的"全息术（Holography）"概念。全息成像技术可以分为两个步骤实现：第一步，将具有振幅、相位信息的物光波和参考光波进行干涉，得到的干涉条纹以强度分布形式记录成全息图；第二步，用再现照明光波照射第一步中得到的全息图，经衍射后得到的衍射光场包含有物光波，从而实现原始物光信息的再现。如图 3.6 所示，描述了干涉记录产生全息图，以及衍射再现物光波的过程。

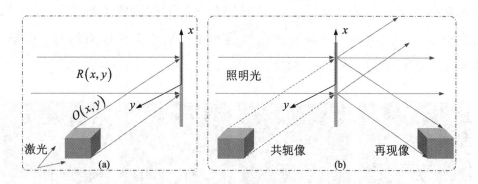

图 3.6 利用全息术记录与再现物光波原理示意图

（a）全息图记录；（b）照明再现原始图像

从全息图记录的原理可知，全息图质量的好坏很大程度上取决于物光波与参考光波发生干涉的程度。为了得到清晰的干涉图，可以从设置物光波与参考光波相互之间具有比较高的相干性着手，而同一束光经分束镜分束后得到的两束光是完全相干的，因此可以采用将激光光源发射出的激光进行分束的方法，分束后的两束光分别作为参考光波，以及照射物体后作为物光波，然后再进行干涉，具体流程如图 3.7 所示。下面从理论上对相干光源干涉产生全息图的过程进行说明。

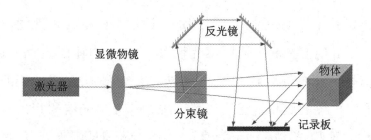

图 3.7 相干光源干涉产生全息图过程示意图

在记录介质所在平面建立平面直角坐标系，物光波 $O(x,y)$ 和参考光波 $R(x,y)$ 的复振幅分别可以写为

$$O(x,y)=O_0(x,y)\exp\left[\mathrm{i}\phi_O(x,y)\right] \tag{3-3}$$

$$R(x,y)=R_0(x,y)\exp\left[\mathrm{i}\phi_R(x,y)\right] \tag{3-4}$$

因为两束光都是由同一个光源得到的，因此具有完全相干特性，根据

波的叠加原理，在记录板所在的平面两束光叠加后光强分布 $I(x,y)$ 为

$$I(x,y)=|O(x,y)+R(x,y)|^2 \tag{3-5}$$

将公式(3-3)和公式(3-4)代入公式(3-5)中，可以得到

$$I(x,y)=O_0^2(x,y)+R_0^2(x,y)+2O_0(x,y)\cdot R_0(x,y)\cos(\phi_O-\phi_R)$$

$$\tag{3-6}$$

式中，前两项之和表示两束光干涉后光强的直流分量，即背景光强度；最后一项表示两束光相干效应。从公式(3-6)可以得知，干涉后光强分布是呈现周期性变化的，当两束光的相位差 $\phi_O-\phi_R$ 等于 2π 的整数倍时，发生干涉相长，得到强度最大的亮条纹(此时，亮条纹强度等于单光束光强的四倍)；当相位差取 π 的奇数倍时，发生干涉相消，干涉条纹表现为暗条纹。综上可知，干涉后得到强度按余弦函数周期变化的明暗相间的条纹。

　　将对光波敏感的高分辨率感光底版放置到记录板的光相干区域，经曝光后就完成了全息图的记录。在提出全息术方法的早期，通常采取光刻、化学蚀刻等技术将记录的干涉图样转录到硅片等材质上，经过处理后干涉强度分布就被存储起来，这种记录后的图形就被称为全息图，在记录全息图的过程中需要实际有实体的物光波。1966 年，Lohmann 等[26]通过计算机计算产生了第一张计算全息图，通过该方法记录全息图不需要有真实物体光波存在，且全息图包含了物光波完整的振幅和相位信息。因此，采用计算全息法获取全息图不再需要搭建复杂的光学干涉系统，极大简化了记录全息图的操作流程。事实上，用计算机得到的全息图不仅可以刻录到特殊材料上制作成光学衍射元件，还可以直接加载到空间光调制器上进行显示，再用相干光源照射直接重构得到物光波。

　　根据以上干涉记录制备全息图的原理，可以制作出用来产生涡旋光的全息图。将平面波与涡旋光发生干涉，得到干涉图样，再将干涉图样转录到记录材料上，或者在计算机上产生计算全息图，最后用激光照射全息图，即产生了需要的涡旋光。如图 3.8 所示，是以平面波作为参考光波，涡旋光作为物光波，发生干涉后记录的全息图。其中，图 3.8(a)是通过光刻技术在金属膜上制备得到的全息图；图 3.8(b)给出了作者设计的计算

全息图。

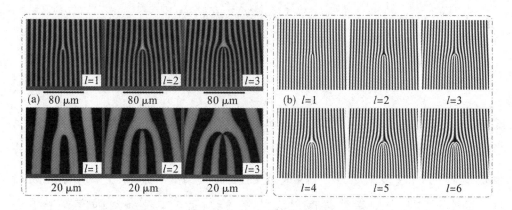

图 3.8　平面波与涡旋光干涉得到的全息图

（a）通过光刻技术在金属膜上刻录的全息图；（b）计算机产生的全息图

3.1.3　空间光调制器法

　　空间光调制器（Spatial Light Modulator，SLM）作为一种光器件，可以对光波的某一种或几种特征（如相位、振幅、偏振态等）的空间分布进行调制，实现将信源信号所携带的信息调控到入射光波，因此调制后的输出光波承载了新的调制信息。目前，根据不同的应用场景，已经开发出了多种系列的空间光调制器，如液晶空间光调制器、磁光空间光调制器、声光调制器等。其中，液晶空间光调制器在全息光镊、光通信中被广泛用作显示器件。

　　在空间光调制器的构造上，像素作为最基本的独立单元在空间上排布为二维阵列，可以分别独立控制每个像素单元，即根据输入的光信号或电信号对每个像素单元进行控制，当入射光波照射这些像素阵列时，像素单元的信息附加到光波中，从而实现对入射光波的调制。为了便于理解调制器的工作原理，下面对调制过程中涉及的一些基本概念进行梳理。

　　在使用调制器对入射光波进行调制的过程中，首先将调制器面板上的像素单元阵列按需进行排列，该过程控制像素分布规律的信号称为写入光信号或写入电信号；再用光波照射到空间光调制器面板上，该光波被称为读出光；经调制器调制后，即可得到调制后的光波，也叫做输出光。显然，要想把需要调控的信息最终附加到输出光波上，就必须把这些信息提前加到像素单元上，把这些需要调控的信息上传到调制器相应像素单元的过程叫做寻址。

依据目前使用的调制器是对光波的哪一种基本维度资源进行的调制，可将调制器分为纯相位型、振幅型和混合型三种类型。顾名思义，纯相位型调制器就是对入射光波的相位分布进行调制，使输出光波被赋予新的相位因子；振幅型调制器可以实现对入射光波振幅或光强分布的控制；而混合型调制器可以同时实现对光波振幅和相位的调控，但两者不能同时发生变化。

按照调制器读出光和输出光是否在调制面板同一侧，即入射光波以透射还是反射方式通过调制器，将调制器分为透射型和反射型两种类型；此外，按照控制像素单元排列分布的信号方式不同，又可以分为电寻址调制器和光寻址调制器，如图 3.9 所示给出了不同类型调制器的示意图。

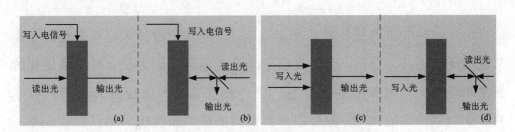

图 3.9 按读出光和输入控制信号空间光调制器分类示意图

（a）透射型电寻址；（b）反射型电寻址；（d）透射型光寻址；（d）反射型光寻址

向空间光调制器加载不同的控制信号就可以实时、动态实现对入射光波的调制，因此实验上被广泛用来产生特殊空间分布的涡旋光，与全息图法相结合，把得到的计算全息图加载到空间光调制器上，让调制器像素单元按照全息图分布规律排列，就获得了需要的涡旋光。通过空间光调制器法产生涡旋光，只需刷新面板的像素分布，就可以得到各种对应模态的光场，与螺旋相位板法相比，空间光调制器法具有更好的灵活性。图 3.10 给出了空间光调制器实物图。

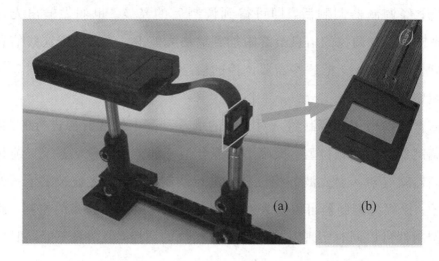

图 3.10　空间光调制器实物图

（a）液晶空间光调制器；（b）空间光调制器液晶面板

3.2　单模涡旋光的产生

　　由于特种光束的独特性质和丰富应用，光场调控技术近年来得到了越来越广泛的关注。目前，已经提出了多种光场调控的方法，其中螺旋相位板法和空间光调制器法应用最为广泛。利用螺旋相位板对光场调控技术具有调制效率高的优点，但存在一种模式的螺旋相位板只能调控生成单一模式光场的不足。随着液晶技术的不断发展，使用空间光调制器不仅调制效率高、效果好，还可以实时动态对空间光场进行调控，弥补了螺旋相位板方法的缺陷。本小节将采用向纯相位型液晶空间光调制器分别加载相位图和计算全息图的方法产生特定模态的涡旋光，并对两种全息图产生光场的质量进行比较。

3.2.1　空间光调制器加载相位图产生涡旋光

1. 相位图的产生

以产生拉盖尔-高斯光束为研究对象，讨论向空间光调制器加载相位图的方法产生该类型涡旋光。拉盖尔-高斯光束具有轨道角动量相位因子 $\exp(il\theta)$ 及拉盖尔多项式 $L_p^l(\cdot)$，其位相结构可以写为

$$t(\xi,\eta) = \exp(-il\theta) \cdot \text{sign}\left[L_p^{|l|}\left(\frac{2r^2}{\omega_0^2} \right) \right] \qquad (3-7)$$

根据公式(3-7)可以仿真得到不同径向系数 p 和角向系数 l 对应的拉盖尔-高斯光束的相位图。图 3.11 为 $p = \{0,1,2\}$ 以及 $l = \{\pm 1, \pm 4, \pm 8\}$ 组合模态对应的相位图。

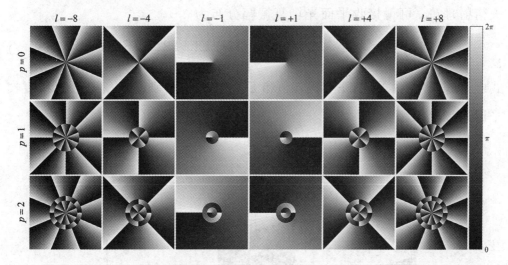

图 3.11　不同径向系数和角向系数取值得到的拉盖尔-高斯光束相位图

2. 光波经相位图衍射理论基础及调制仿真结果

将图 3.11 产生的相位图分别依次在空间光调制器上显示，入射光波照射调制器面板，出射光就是被调制后的光波，调制过程实质上就是入射光波经过相位图的衍射过程。从光学衍射理论出发，对光场调控过程进行分析，在衍射过程中，若已知入射光场复振幅分布为

$$I(\xi,\eta) = A(\xi,\eta)\exp[i\varphi_1(\xi,\eta)] \qquad (3-8)$$

式中，$A(\xi,\eta)$ 为入射光振幅，$\varphi_1(\xi,\eta)$ 为入射光相位。

通过衍射光学元件后入射光场复振幅变化为

$$I'(\xi,\eta) = I(\xi,\eta) \cdot t(\xi,\eta) \qquad (3-9)$$

式中，$t(\xi,\eta)$ 为透过率函数。激光器出射的激光多为基模高斯光束，因此这里以高斯光束作为入射光波，推导高斯光束通过拉盖尔-高斯光束相位

图后的衍射光场分布。在柱坐标系下，高斯光束光场复振幅分布为

$$u(\xi,\eta,z)=\frac{\omega_0}{\omega}\exp\left(-\frac{\xi^2+\eta^2}{\omega^2}\right)\exp\left(-ik\frac{\xi^2+\eta^2}{2R}\right)\exp\left[-i\left(kz-\arctan\frac{\lambda z}{\pi\omega_0^2}\right)\right]$$

$$(3-10)$$

图 3.12 为高斯光束照射相位图衍射过程。假设相位图所在位置为衍射平面，记平面内任一点坐标为 (ξ,η)，当高斯光束照射相位图时，光束发生衍射，沿光轴传播方向距离衍射平面 z 处放置一接收平面。根据基尔霍夫衍射理论，可得接收平面光场复振幅分布为

$$E'(\xi',\eta',z)=\frac{1}{i\lambda}\iint E(\xi,\eta,z_0)\frac{\exp(ikr)}{r}\frac{\cos(\boldsymbol{n},\boldsymbol{r})+1}{2}\mathrm{d}s \quad (3-11)$$

式中，i 表示虚数单位，$E(\xi,\eta,z_0)$ 和 $E'(\xi',\eta',z)$ 分别表示衍射平面和接收平面光场复振幅。

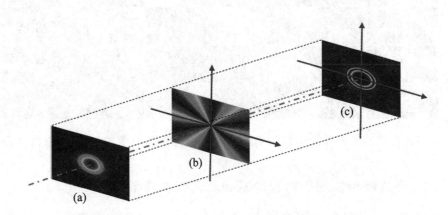

图 3.12　高斯光束照射拉盖尔-高斯光束相位图衍射过程示意图

（a）入射高斯光束；（b）拉盖尔-高斯光束相位图；（c）衍射光场

构造函数 $\phi(\xi,\eta)$ 表示为

$$\phi(\xi,\eta)=\frac{\exp\left(ik\sqrt{\rho^2+\xi^2+\eta^2}\right)}{i\lambda\sqrt{\rho^2+\xi^2+\eta^2}}\left[\frac{1}{2}+\frac{\rho}{\sqrt{\rho^2+\xi^2+\eta^2}}\right] \quad (3-12)$$

$$E'(\xi',\eta')=E(\xi,\eta)\otimes\phi(\xi,\eta) \quad (3-13)$$

式中，$\otimes$ 表示卷积运算符号。在光波波长 λ 以及衍射距离 ρ 已知的情况下，得到观察平面光场分布为

$$E'(\xi',\eta')=\mathcal{F}^{-1}\{\mathcal{F}\{u(\xi,\eta,z)\}\mathcal{F}\{\phi(\xi,\eta)\}\} \quad (3-14)$$

根据公式(3-14)对高斯光束照射图 3.11 相位图后得到的衍射光场进行数值模拟,仿真各参数设置为:光束波长 $\lambda=632.8$ nm,观察平面与衍射平面之间距离 $\rho=0.5$ m,光束束腰半径 $\omega_0=2$ mm。

图 3.13 展示了高斯光束照射拉盖尔-高斯光束相位图后的衍射光场横截面光强分布,从图中可以看出,衍射光强中心光强为零,出现单个亮环($p=0$)或同心嵌套亮环($p\neq0$)结构,说明衍射光场被赋予了螺旋相位因子,经调制后携带了轨道角动量。

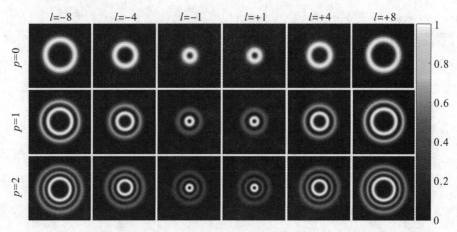

图 3.13 高斯光束照射拉盖尔-高斯光束相位图衍射光场仿真结果

3. 搭建光学实验平台产生涡旋光

为了验证高斯光束照射拉盖尔-高斯光束相位图衍射仿真结果的正确性,搭建了如图 3.14 所示的光路图。实验中,He-Ne 激光器输出波长为632.8 nm,功率为 50 mW。为了避免强光照射空间光调制器,在激光器端口放置一个中性密度滤波片对激光进行衰减,激光衰减后通过滤波器滤出部分杂散光。激光光束光斑半径较小,为了尽可能使光斑照射到整个空间光调制器液晶屏,达到更好的调制效果,使用扩束器对光束进行扩束。扩束后的光束经偏振片得到水平偏振光,以满足空间光调制器只对水平偏振光束调制的要求。光束经分束器分束,垂直照射到空间光调制器液晶屏,避免了入射光束与空间光调制器液晶屏之间形成倾角,进而提高空间光调制器对入射光束相位调制的衍射效率。调制后的光束经镜面反射,透镜聚焦后,在透镜后焦面处被 CCD 相机接收。实验中,采用的空间光调制器型号为德国 Holoeye 公司生产的 PLUTO 系列反射式纯相位空间光调制器，调制器液晶屏面板像素尺寸为 1920×1080。

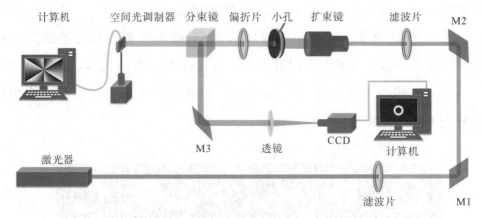

图 3.14　液晶空间光调制器加载相位图产生拉盖尔-高斯光束实验装置

　　向空间光调制器依次加载拉盖尔-高斯光束相位图，CCD 捕获到图 3.15 所示衍射光场横截面光强分布图。观察发现光场中心光强分布为暗斑，说明成功实现了涡旋光的产生，且随着加载到空间光调制器相位图拓扑荷 l 增大，衍射光斑中心区域半径逐渐增大，亮环的数目与径向参量 p 相关。比较图 3.14 与图 3.15 还可以观察到，当拓扑荷取值变大时，生成的光场暗中空结构的周围环绕的条幅状结构变得越来越明显，直接影响了衍射光场的质量，这是由于未能实现完全相位调制导致的。

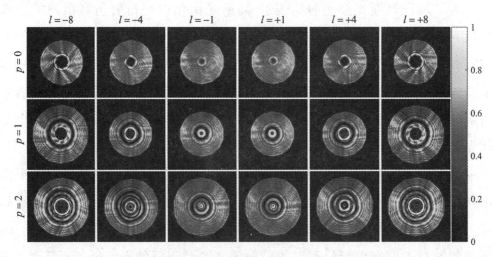

图 3.15　液晶空间光调制器加载相位图产生拉盖尔-高斯光束实验结果

3.2.2　空间光调制器加载计算全息图产生涡旋光

1. 计算全息图的产生

首先，产生需要使用的计算全息图，根据前述产生全息图的原理，此处用倾斜平面波作为参考光波，物光波为拉盖尔-高斯光束，让两者发生干涉并记录下干涉图样。取多种径向系数 $p=\{0,1,3\}$ 和角向系数 $l=\{+1,+3,+6\}$ 对应的拉盖尔-高斯光束与平面波干涉，通过计算机仿真模拟，得到如图 3.16 所示的多个计算全息图。从图中可以观察到，计算全息图呈现出"叉型"结构形态，因此又称之为"叉型全息图"；还可以注意到当 $p=0$ 时，全息图条纹不出现被分割的情形；当 $p\neq0$ 时，全息图条纹中心位置出现圆环结构，且圆环个数等于拉盖尔-高斯光束径向系数取值。

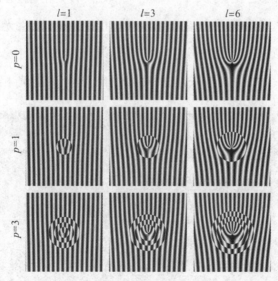

图 3.16　平面波与拉盖尔-高斯光束干涉的计算全息图

2. 实验产生涡旋光

采用图 3.14 所示的实验装置来产生拉盖尔-高斯光束，首先向空间光调制器加载 $p=0,l=1$ 的计算全息图，CCD 捕获到图 3.17 所示的光斑，从该图可以观察到光斑是由多个光斑组成的，除中间零级衍射级次位置光斑中心光强为非零值，其他衍射级次均表现为亮环结构，说明衍射光场携带了螺旋相位因子，实现了涡旋光的重构。

图 3.17 实验得到的高斯光束照射 $p=0,l=1$ 的计算全息图衍射光场分布

依次向空间光调制器加载模态 $p=0,1,3$ 和 $l=1,3,6$ 组合的计算全息图，经调控后拍摄到相应拉盖尔-高斯光束光强分布如图 3.18 所示。从图中可以很明显看到，激光器发射出的高斯光束照射计算全息图产生了类似于"面包圈"结构分布的衍射光场，随着拓扑荷 l 取值的增大，衍射光场横截面光强半径随之变大；当 p 取非零数值时，衍射光场表现为多环结构，且有 $p+1$ 个同心亮环，这与 2.3 节对拉盖尔-高斯光束横截面光强模拟结果是完全一致的，因此采用向空间光调制器加载计算全息图实现了涡旋光的调控产生。此外，与采用加载相位图产生涡旋光相比，经计算全息

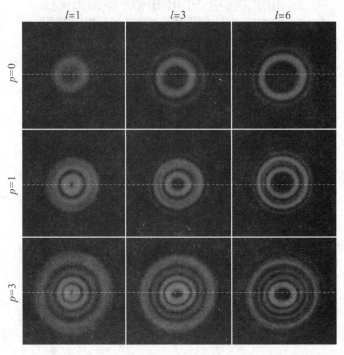

图 3.18 空间光调制器加载计算全息图调控实验结果

图衍射得到的光场亮环周围不会出现"条幅"状结构，说明通过计算全息图获取的涡旋光质量更好。

为了进一步衡量调制后产生的拉盖尔-高斯光束的光斑质量，沿图 3.18 中标记的虚线从左往右绘制光强分布曲线，并与理论得到的光斑径向光强分布曲线进行拟合，如图 3.19 所示，图中实线和点线分别为理论及实验光强曲线分布，横坐标代表沿水平方向光斑图像的位置，纵坐标为归一化光强。从图中可以很明显地看到横截面光强沿水平方向的变化过程，也很容易从曲线峰值总数获取衍射拉盖尔-高斯光束的径向系数 p 的信息，即径向系数等于曲线峰值总数的二分之一；由图 3.19 可见，实验结果与理论曲线保持一致，因此加载计算全息图可以产生高质量的涡旋光。

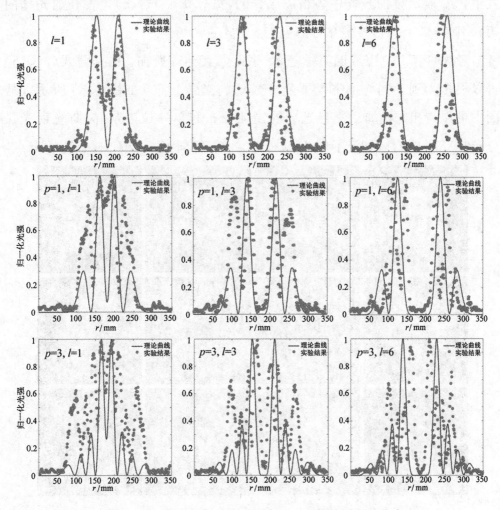

图 3.19　理论及实验得到的光斑一维径向光强分布

3.3　复合涡旋光的产生

3.3.1　拉盖尔-高斯光束共轴叠加模态

以拉盖尔-高斯光束径向系数取零值为例,讨论多光束共轴叠加情况,假设 N 束拉盖尔-高斯光束相叠加,组成叠加光场的每一束光场拓扑荷取值分别为 $l_1,l_2,\cdots,l_N$,得到叠加后的光场表达式为

$$u = \sum_{m=1}^{N} \alpha_m E_{l_m}(r,\theta,z) \tag{3-15}$$

式中, α_m 表示叠加光场中各组成成分的占比, $E_{l_m}(r,\theta,z)$ 代表叠加光场的第 m 个 $(1\leqslant m\leqslant N)$ 拉盖尔-高斯光束分量的光场。

考虑两束、三束或四束拉盖尔-高斯光束共轴叠加,根据公式(3-15)可以模拟得到不同叠加情况下复合光场的光强分布,如图 3.20 所示。从图中可以看出,叠加后复合光场的光强分布和单一拉盖尔-高斯光束光强分布具有明显的区别,不同于单一拉盖尔-高斯光束只有一个光学奇点,

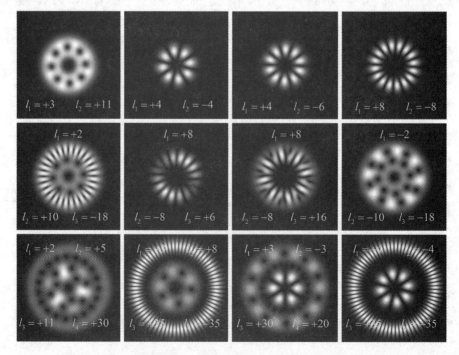

图 3.20　多束拉盖尔-高斯光束共轴叠加模拟光强分布

复合涡旋光呈现出多个奇点或者"花瓣"形状。

3.3.2　复合涡旋光的实验产生

搭建如图 3.21 所示实验光路图，实现多个拉盖尔-高斯光束共轴叠加复合涡旋光的产生。依次加载各复合涡旋光全息图，经空间光调制器调制后，CCD 相机放置到透镜聚焦平面上，拍摄到衍射光强。相应的各模态复合涡旋光的横截面光强分布如图 3.22 所示。通过与图 3.20 复合涡旋光仿

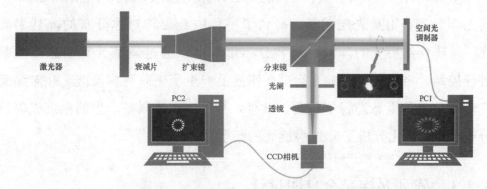

图 3.21　复合涡旋光产生实验光路示意图

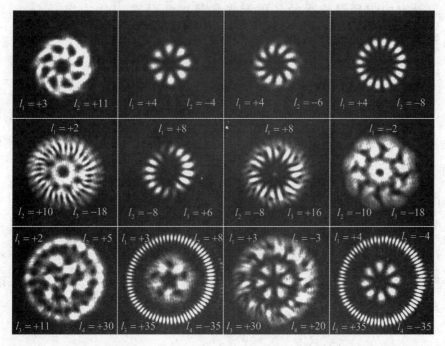

图 3.22　实验产生的多模拉盖尔-高斯光束共轴叠加复合涡旋光横截面光强分布

真结果相对照，可以看到实验结果与理论结果相吻合，因此通过计算全息法生成了多模拉盖尔-高斯光束共轴叠加复合涡旋光，这为后续章节将要叙述的采用多模复用涡旋光编译码信息传输提供了理论基础和实验支撑。

3.4　阵列涡旋光的产生

本节设计了一种新型阵列涡旋光的计算全息图，将该全息图加载到空间光调制器，用激光照射后，得到了一种中心旋转对称分布的阵列涡旋光。该阵列涡旋光的阵列数目和分布形态可以通过调节计算全息图参数进行控制。搭建光学实验平台，在实验上产生了该阵列涡旋光，并对涡旋光轨道角动量模态进行了检测。此外，通过功率计测量产生的涡旋光能量分布情况，量化分析了阵列涡旋光的衍射效率。

3.4.1　阵列涡旋光全息图设计

假设组成阵列涡旋光的各单元光场复振幅分布表达式为 $u_i(r_i,\theta_i,z)$，则阵列涡旋光复振幅分布 $E(r,\theta,z)$ 可以描述为

$$E(r,\theta,z)=\sum_{i=1}^{M}a_iu_i(r_i,\theta_i,z) \qquad (3-16)$$

式中，a_i 表示第 i 个子单元光场占阵列涡旋光的权重系数。考虑到在产生涡旋光的过程中，各单元光场之间可能会发生相互干扰，设计一截断因子 δ，确保各单元光场的光斑空间位置相互独立。

图 3.23 给出了设计的阵列涡旋光，拉盖尔-高斯光束径向系数和角向系数分别取值为 $p=1,l=3$，第一行和第二行分别表示阵列数 $M=3$、$M=4$ 时阵列涡旋光计算全息图的产生流程。理论上，阵列涡旋光各单元光场模态可分别设置任意值，这里给出了阵列涡旋光各单元光场模态取值完全相同的情况。

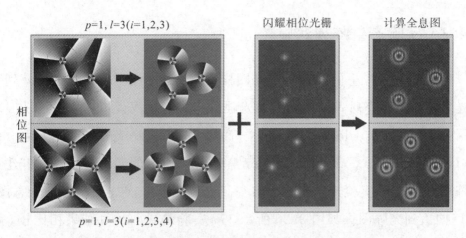

图 3.23　阵列涡旋光计算全息图产生过程示意图

3.4.2　阵列涡旋光产生实验平台搭建

如图 3.24 所示，展示了产生涡旋光实验光路，激光器出射的激光经滤波片（Neutral Density Filter，NDF）对光强进行衰减，之后经过扩束镜（Beam Expander，BE），经准直扩束的光束通过第一个光阑（Pinhole，PH_1），光束通过偏振片（Polarizer）与分束镜（Beam Splitter，BS）后垂直照射到加载了阵列光场计算全息图的空间光调制器上光场经平面反光镜 M_1 反射后由透镜聚焦，最终在透镜后焦面由 CCD 相机捕获。另外，在实验光路中若放置虚线框内的平面反光镜 M_2，CCD 相机拍摄到的图样不再是调制后的涡旋光的横截面光强分布，而是光场的干涉图样。

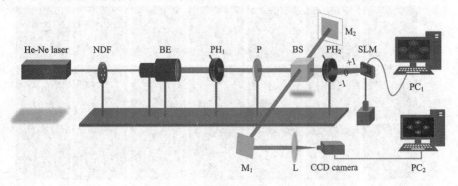

图 3.24　实验产生与检测阵列涡旋光装置示意图

3.4.3 实验产生阵列涡旋光

为了与实验产生的阵列涡旋光图样进行比较，在实验操作产生阵列涡旋光之前，先对阵列涡旋光横截面光强分布进行仿真模拟，得到如图 3.25 所示的仿真结果。图中，拉盖尔–高斯阵列涡旋光模态取值为 $p=\{0,1,2\}$，$l=\{0,\pm1,\pm2,\pm3\}$。依据图 3.24 所示的实验装置图，搭建产生阵列涡旋光的实验光学平台，向空间光调制器依次加载相应的全息图，CCD 拍摄到光强图样如图 3.26 所示。将实验结果与仿真结果相比较，可以观察到产生的阵列涡旋光与理论结果完全一致。为了更加便于观察光场的光强分布变化趋势，针对每个阵列涡旋光，在图 3.26 中分别绘制了沿光斑中心位置水平方向和垂直方向光强分布曲线。

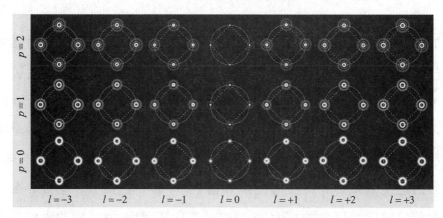

图 3.25 不同模态阵列涡旋光横截面光强分布的仿真结果

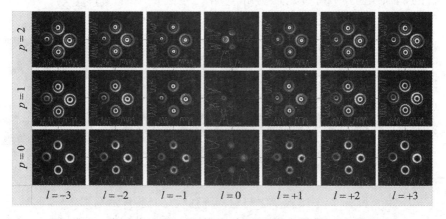

图 3.26 实验产生的不同模态阵列涡旋光横截面光强分布

3.4.4　阵列涡旋光的模态测量

在实验装置图 3.24 中放置平面反光镜 M_2，对产生的涡旋光模态进行检测。如图 3.27 所示，第一、三、五行给出了干涉图样的仿真结果，第二、四、六行分别是加载不同模态阵列涡旋光计算全息图时 CCD 相机拍摄到的干涉图样。由图 3.27 可知，干涉图样呈现出"Y"型分叉结构，当 $p \neq 0$ 时出现多个同心圆环将分叉结构分割，且圆环的数量等于径向系数 p；随着拓扑荷模值 $|l|$ 的增大，干涉图样分叉数越来越多；此外，还可以明显发现干涉图样"Y"型分叉的朝向与拓扑荷取值符号相关。事实上，干涉图样中包含了涡旋光的模态信息，可以由干涉图样实现光场模态的检测，具体步骤将在下一章节有关涡旋光模态检测内容给出详细介绍。图 3.27 展示的实验结果与理论仿真结果完全一致，证明对涡旋光模态检测方法的正确性和有效性。

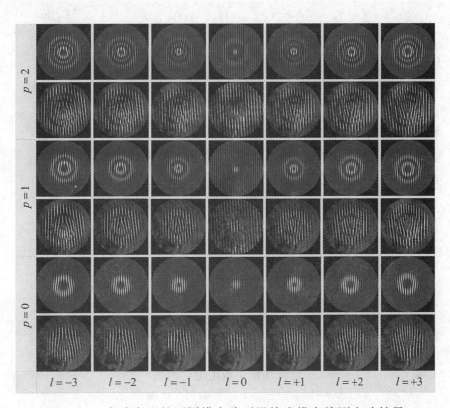

图 3.27　实验产生的不同模态阵列涡旋光模态检测实验结果

3.4.5　阵列涡旋光光束质量分析

　　为了衡量生成的阵列涡旋光的质量，对产生光场衍射效率进行测量[27]。产生的不同模态阵列涡旋光功率值依次记录在表 3.1 中。根据表格中记录的数据，绘制阵列涡旋光的相对功率变化曲线，如图 3.28 所示。图中点画线、虚线、实线分别代表径向模态取值 $p=0$，$p=1$ 及 $p=2$ 的阵列涡旋光。从图中可以看出，当阵列涡旋光的径向系数取值一定时，光场的相对功率与角向系数模值 $|l|$ 具有正相关关系，阵列涡旋光的角向系数和光场相对功率近似满足线性关系；对于 p 取值相同，l 互为相反数的阵列涡旋光，两者的相对功率值相等，这是因为对于拉盖尔-高斯光束而言，拓扑荷 l 的正负符号只影响光场螺旋波前的旋转方向，而不影响光场的光强分布。还可以发现，阵列涡旋光的角向系数取值越大，测量得到的光场功率值也越大。因此，p 和 $|l|$ 取值较大的阵列涡旋光具有更高的衍射效率。

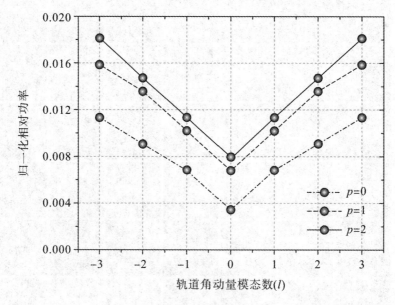

图 3.28　实验测量的阵列涡旋光归一化相对功率

随光场模态取值变化曲线

表 3.1 不同模态阵列涡旋光光功率测量值

径向系数(p)	角向系数(l)	阵列涡旋光功率(P_O)/mW
	-3	1.7
	-2	1.4
	-1	1.1
2	0	0.8
	$+1$	1.1
	$+2$	1.4
	$+3$	1.7
	-3	1.5
	-2	1.3
	-1	1.0
1	0	0.7
	$+1$	1.0
	$+2$	1.3
	$+3$	1.5
	-3	1.1
	-2	0.9
	-1	0.7
0	0	0.4
	$+1$	0.7
	$+2$	0.9
	$+3$	1.1

参 考 文 献

[1] UCHIDA M，TONOMURA A. Generation of electron beams carrying orbital angular momentum[J]. Nature，2010，464(7289)：737-739.

[2] SEMENOVA V A，KULYA M S，PETROV N V，et al.

Amplitude-phase imaging of pulsed broadband terahertz vortex beams generated by spiral phase plate[C]. International conference on infrared, millimeter, and terahertz waves, 2016: 1-2.

[3] WANG J, CAO A, ZHANG M, et al. Study of characteristics of vortex beam produced by fabricated spiral phase plates[J]. IEEE Photonics Journal, 2016, 8(2): 1-9.

[4] MINOOFAR A, ASKARPOUR A, ABDIPOUR A. Efficiency and crosstalk in demultiplexing orbital angular momentum modes using a geometrical transformation-based mode sorter[C]. Iran Workshop on Communication and Information Theory, 2019.

[5] WEI H, AMRITHANATH A K, KRISHNASWAMY S, et al. 3D printing of micro-optic spiral phase plates for the generation of optical vortex beams[J]. IEEE Photonics Technology Letters, 2019, 31(8): 599-602.

[6] ARLT J, DHOLAKIA K, ALLEN L, et al. The production of multiringed Laguerre-Gaussian modes by computer-generated holograms[J]. Journal of Modern Optics, 1998, 45(6): 1231-1237.

[7] GUO C, LIU X, REN X, et al. Optimal annular computer-generated holograms for the generation of optical vortices[J]. Journal of the Optical Society of America A, 2005, 22(2): 385-390.

[8] CARPENTIER A V, MICHINEL H, SALGUEIRO J R, et al. Making optical vortices with computer-generated holograms[J]. American Journal of Physics, 2008, 76(10): 916-921.

[9] MAJI S, BRUNDAVANAM M M. Topological transformation of fractional optical vortex beams using computer generated holograms [J]. Journal of Optics, 2018, 20(4): 045607.

[10] SHI L, LI J, TAO T, et al. Rotation of nanowires with radially higher-order Laguerre-Gaussian beams produced by computer-generated holograms [J]. Applied Optics, 2012, 51 (26):

6398-6402.

[11]　LI S, WANG Z. Generation of optical vortex based on computer-generated holographic gratings by photolithography[J]. Applied Physics Letters, 2013, 103(14): 141110.

[12]　TAO S H, LEE W M, YUAN X C, et al. Dynamic optical manipulation with a higher-order fractional Bessel beam generated from a spatial light modulator[J]. Optics Letters, 2003, 28(20): 1867-1869.

[13]　OHTAKE Y, ANDO T, FUKUCHI N, et al. Universal generation of higher-order multiringed Laguerre-Gaussian beams by using a spatial light modulator[J]. Optics Letters, 2007, 32(11): 1411-1413.

[14]　MATSUMOTO N, ANDO T, INOUE T, et al. Generation of high-quality higher-order Laguerre-Gaussian beams using liquid-crystal-on-silicon spatial light modulators [J]. Journal of the Optical Society of America A, 2008, 25(7): 1642-1651.

[15]　HERNANDEZHERNANDEZ R J, TERBORG R A, RICARDEZ-VARGAS I, et al. Experimental generation of Mathieu-Gauss beams with a phase-only spatial light modulator[J]. Applied Optics, 2010, 49 (36): 6903-6909.

[16]　ZHU L, WANG J. Arbitrary manipulation of spatial amplitude and phase using phase-only spatial light modulators [J]. Scientific Reports, 2015, 4(1): 7441-7441

[17]　KARIMI E, PICCIRILLO B, NAGALI E, et al. Efficient generation and sorting of orbital angular momentum eigenmodes of light by thermally tuned q-plates [J]. Applied Physics Letters, 2009, 94 (23): 231124.

[18]　JIN J, LUO J, ZHANG X, et al. Generation and detection of orbital angular momentum via metasurface[J]. Scientific Reports, 2016, 6(1): 24286-24286.

[19] MENG X, WU J, WU Z, et al. Design, fabrication, and measurement of an anisotropic holographic metasurface for generating vortex beams carrying orbital angular momentum: erratum[J]. Optics Letters, 2019, 44(6): 1452-1455.

[20] KARIMI E, SCHULZ S A, DE LEON I, et al. Generating optical orbital angular momentum at visible wavelengths using a plasmonic metasurface[J]. Light: Science and Applications, 2014, 3(5): e167.

[21] LIU X, DENG J, JIN M, et al. Cassegrain metasurface for generation of orbital angular momentum of light[J]. Applied Physics Letters, 2019, 115(22): 221102.

[22] MENG X, WU J, WU Z, et al. Generation of multiple beams carrying different orbital angular momentum modes based on anisotropic holographic metasurfaces in the radio-frequency domain [J]. Applied Physics Letters, 2019, 114(9): 093504.

[23] ZHANG C, MIN C, YUAN X, et al. Shaping perfect optical vortex with amplitude modulated using a digital micro-mirror device [J]. Optics Communications, 2016, 381: 292-295.

[24] ZHANG Z, GUI K, ZHAO C, et al. Direct generation of vortex beam with a dual-polarization microchip laser[J]. IEEE Photonics Technology Letters, 2019, 31(15): 1221-1224.

[25] GABOR D. A new microscopic principle[J]. Nature, 1948, 161 (4098): 777-778.

[26] BROWN B R, LOHMANN A W. Complex spatial filtering with binary masks[J]. Applied Optics, 1966, 5(6): 967-969.

[27] ZHANG Y, BAI Z, FU C, et al. Polarization-independent orbital angular momentum generator based on a chiral fiber grating[J]. Optics Letters, 2019, 44(1): 61-64.

第 4 章　涡旋光模态的探测

4.1　涡旋光模态探测方法概述

上一章介绍了涡旋光的产生方法,并在实验上生成了涡旋光。然而对于通信系统接收者而言,产生的涡旋光具体模态值是事先不知道的,因此检测并识别出接收到的涡旋光模态对实现涡旋光编译码通信至关重要。目前,已提出了许多检测涡旋光轨道角动量模态的方法,例如将涡旋光与平面波、球面波进行干涉[1-4],观察干涉图样分布规律识别出轨道角动量模态;借助马赫-曾德尔(Mach-Zehnder)干涉仪与光场自身共轭光波进行干涉方法[5-7];涡旋光通过单缝[8]或双缝[9]检测方法;将涡旋光通过特殊形状的环状孔[10]、三角孔[11]、圆孔[12]进行模态检测;利用坐标转换法实现轨道角动量模态的分离检测[13];涡旋光通过振幅型光栅[14-17]或相位型光栅[18-21]衍射后,观察衍射图样识别轨道角动量模态;涡旋光通过倾斜球面透镜[22]或单个柱透镜[23,24]的检测方法;将空间光调制器与平面反光镜结合实现拉盖尔-高斯模态的检测等方法[25],如图 4.1 所示。

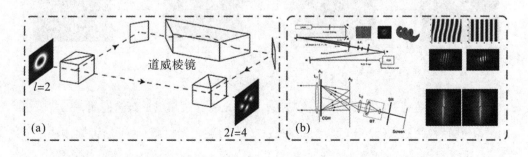

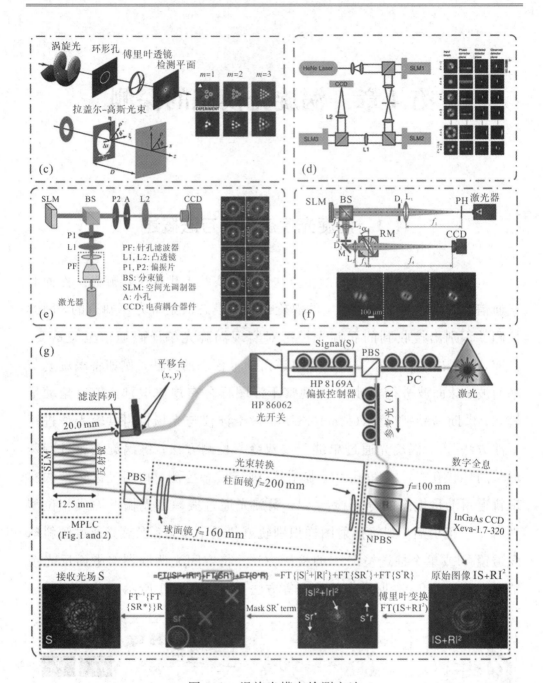

图 4.1　涡旋光模态检测方法

（a）马赫-曾德尔干涉仪检测法；（b）光场通过单缝、双缝检测；

（c）孔径检测法；（d）坐标转换检测法；（e）衍射光栅检测；（f）透镜检测法；

（g）空间光调制器与平面反光镜结合检测轨道角动量模态

4.2　轨道角动量模态探测

4.2.1　改进型模态探测实验系统

在上述检测涡旋光轨道角动量模态的方法中，以平面波干涉法和球面波干涉法应用最为广泛。在采用平面波、球面波干涉法检测光场模态过程中，按照传统光学检测系统搭建实验光路较为复杂，且光束干涉效果容易受到环境扰动的影响。基于此，介绍一种改进型检测光路，实现光场模态探测。实验结果表明改进型检测系统不仅光路更加简易，还保持了良好的检测效果。

1. 平面波干涉

首先从理论上对涡旋光与平面波干涉的具体过程进行分析，携带轨道角动量的涡旋光的复振幅分布表达式可以简写为

$$E_{\text{OAM}} = A_1 \exp\left(-\frac{r^2}{\omega_0^2}\right) \exp(-il\theta) \qquad (4-1)$$

式中，A_1 为光场的振幅，为简单起见，这里将振幅设置为一常量。

因为实际环境中不存在平面波和球面波，实验室中激光器出射的光束为高斯光束，为了更加准确地模拟并与实验结果进行比较，在平面波和球面波光场表达式中增加有限束宽项 $\exp(-r^2/\omega_0^2)$，则平面波光场复振幅分布表达式可以表示为

$$E_{\text{plane}} = A_2 \exp\left(-\frac{r^2}{\omega_0^2}\right) \exp(ikx) \qquad (4-2)$$

式中，A_2 为平面波的振幅。

令 $A_1 = A_2 = A$，则光场发生干涉后的光强分布为

$$
\begin{aligned}
I &= (E_{\text{OAM}} + E_{\text{plane}})(E_{\text{OAM}} + E_{\text{plane}})^* \\
&= [A\exp(-il\theta) + A\exp(ikx)][A\exp(il\theta) + A\exp(-ikx)] \\
&= A^2[2 + 2\cos(kx + l\theta)]\exp\left(\frac{-2r^2}{\omega_0^2}\right) \qquad (4-3)
\end{aligned}
$$

根据公式(4-3)可以得到涡旋光与平面波干涉图样模拟结果，激光波长及束腰半径仿真参数依次设置为 $\lambda = 632.8\ \text{nm}$，$\omega_0 = 1\ \text{mm}$。如图4.2为拓扑荷取值 $l = \pm 1, \pm 2, \pm 3, \pm 4$ 的涡旋光与平面波干涉后得到的干涉条纹。由图4.2(c)可知，干涉后得到的叉型条纹，条纹的叉口朝向和数量分别与涡旋光轨道角动量模态符号正负以及取值大小有关。

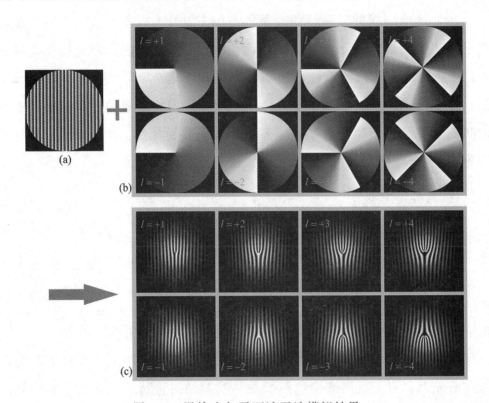

图 4.2　涡旋光与平面波干涉模拟结果

（a）平面波相位结构；（b）拓扑荷取值 $l = \pm 1, \pm 2, \pm 3, \pm 4$ 时相应相位图；

（c）干涉条纹

为了对上述模拟结果进行验证，搭建如图4.3所示的检测光路图。如果在图中虚线框内放置另一块透镜1，可以实现涡旋光与球面波干涉。分别向空间光调制器加载拓扑荷取值 $l = +1, +2, +3, +4$ 及 $l = -1, -2, -3, -4$ 的计算全息图，产生不同模态的涡旋光，CCD拍摄到的涡旋光与平面波干涉后的图样如图4.4所示。与图4.2进行比较可以看到，实验结果与理论仿真得到的干涉图样完全吻合。为了从相机捕获到的干涉图样

中获取入射涡旋光轨道角动量模态信息，可以采取以下方法读取，这里以 $l=+2$ 和 $l=-2$ 为例进行说明，如图 4.5 所示。将相机拍摄到的干涉图样沿水平方向等分为上下两部分（白色点画线），并在与中间白色点画线等距离的上下位置分别绘制一条虚线，使两条线尽量穿过所有的干涉条纹，之后对上下两条虚线穿过的条纹数量进行计数，假设上下两条虚线穿过的条纹数分别为 n_1 和 n_2，经计算发现涡旋光的模态 l 与 n_1、n_2 取值直接相关，具体地 $l=n_1-n_2$，其中，$|n_1-n_2|$ 为入射涡旋光的拓扑荷大小，n_1-n_2 数值符号与拓扑荷符号保持一致。

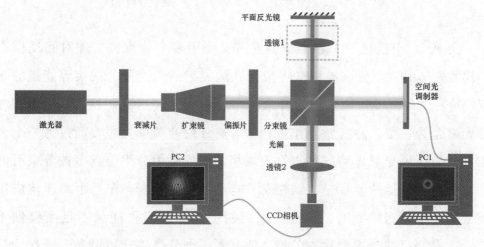

图 4.3　干涉法检测轨道角动量模态的实验装置图

图 4.4　涡旋光与平面波干涉实验结果

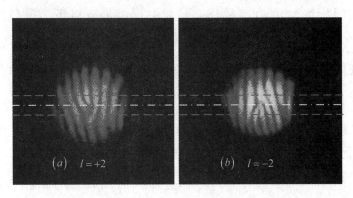

图 4.5 对干涉图样添加标记线便于读取入射光场模态

(a) $l=+2$ 时干涉图样；(b) $l=-2$ 时干涉图样

文献[2,3]中搭建的干涉实验装置需要使用多个分束镜实现对光场模态的检测，其中一个分束镜用来将激光光源发射的激光分为两束等能量的光束，另一个分束镜被用来作为合束器将经空间光调制器调控后的光束和参考光束合为一路。在实验操作过程中，被分束的两束光想要通过另一个合束器合为一束光对光路的准直性要求极高，且采用分束镜越多被分束后的每一路光场分得的能量越少，造成了能量的极大浪费，在远距离通信应用场景对光场模态检测时，导致接收到的干涉图样光强能量不足而模糊不清。本书介绍的改进型检测装置，只需要一个分束镜就可以实现既作为分束器来使用，又同时作为合束器将光束合为一路，因为光束只通过一个分束镜，所以合束可以自动完成，极大降低了对光路准直性的严格要求，且减少了能量的浪费，更有利于光束的远距离传播。

2. 球面波干涉

除了涡旋光与平面波干涉，与球面波干涉的方法也被广泛用来对光场模态进行探测。同样地，增加有限束宽项 $\exp(-r^2/\omega_0^2)$ 后，球面波的光场表达式为

$$E_{\text{sphere}} = A_3 \exp\left(-\frac{r^2}{\omega_0^2}\right)\exp(\mathrm{i}k\rho) \tag{4-4}$$

$$\rho = \sqrt{d^2 + r^2} \tag{4-5}$$

可得到涡旋光与平面波发生干涉后的干涉强度分布为

$$I = (E_{\text{OAM}} + E_{\text{sphere}})(E_{\text{OAM}} + E_{\text{sphere}})^{*}$$

$$= [A\exp(-il\theta) + A\exp(ik\rho)][A\exp(il\theta) + A\exp(-ik\rho)]$$

$$= A^2[2 + 2\cos(k\rho + l\theta)]\exp\left(\frac{-2r^2}{\omega_0^2}\right) \tag{4-6}$$

式中，A_3 是球面波的振幅，d 为球面波传播到接收屏的距离。基于公式 (4-6)，对涡旋光与球面波干涉情况进行仿真模拟，令 $A_3 = 1$，其他模拟参数取值保持不变。由模拟干涉图样 4.6(c) 可知，和平面波作为参考光波与涡旋光干涉不同，涡旋光与球面波干涉的图样不再是明暗相间的叉型条纹，而表现为中心旋转对称的螺旋条纹。拓扑荷取值的大小决定了干涉螺旋线的条纹数，且螺旋条纹的旋转方向与拓扑荷符号相关，当拓扑荷取正数（负数）时，螺旋条纹从中心位置出发沿着顺时针（逆时针）方向向外旋转扩展，因此可以从涡旋光与球面波干涉图样获取调控后产生的涡旋光的模态信息。

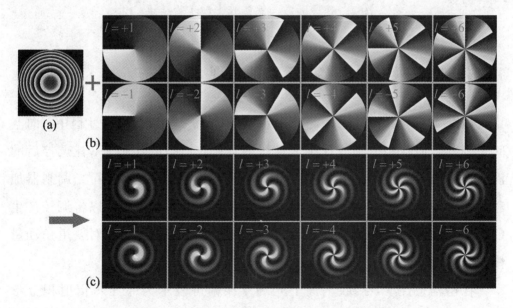

图 4.6　涡旋光与球面波干涉图样模拟结果

（a）球面波相位；（b）拓扑荷取值 $l = \pm1, \pm2, \pm3, \pm4, \pm5, \pm6$ 时相应相位图；
（c）球面波与涡旋光干涉后图样

在图 4.3 所示平面波干涉检测实验装置基础上，将虚线框内的透镜 1 放置到光路中，用来实现将平面波转化为球面波，空间光调制器调控产生的涡旋光与球面波发生干涉，观察到如图 4.7 所示的干涉图样。与图 4.6 (c)模拟结果进行对比可知，实验结果与理论仿真结果基本上保持一致。从干涉图样螺旋线的旋转方向以及条纹数量可以反推出与球面波干涉的涡旋光的具体模态取值情况：涡旋光拓扑荷数值大小等于螺旋条纹数，当干涉条纹沿中心位置按照顺时针方向向外扩展时，拓扑荷符号为正，反之，调控产生的涡旋光轨道角动量模态值取负数。

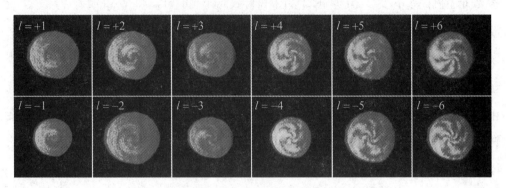

图 4.7　球面波与涡旋光干涉实验结果

4.2.2　共轭模态检测实验系统的实现

如图 4.8 为共轭模态检测原理示意图，在产生涡旋光的过程中，向空间光调制器加载相位图或计算全息图得到相应模态的涡旋光，让调控后的涡旋光作为入射光场，照射另一个空间光调制器，且两个空间光调制器加载的相位图或计算全息图满足模态值互为共轭的条件，则可以将调控产生的暗中空结构的光场重新恢复为中心光强为亮斑光场，实现对轨道角动量模态的检测。

在傍轴条件下，接收平面上光场复振幅可表示为菲涅尔衍射积分形式，即

$$U(x,y) = \frac{\exp(\mathrm{i}kd)}{\mathrm{i}\lambda d} \int_{-\infty}^{+\infty} \int_{-\infty}^{+\infty} U_0(x_0,y_0) \times$$

$$\exp\left\{\frac{\mathrm{i}k}{2d}\left[(x-x_0)^2 + (y-y_0)^2\right]\right\} \mathrm{d}x_0 \mathrm{d}y_0 \quad (4-7)$$

式中，(x_0,y_0) 和 (x,y) 分别为在衍射屏和接收屏上的坐标，$U_0(x_0,y_0)$ 和

$U(x,y)$分别表示光场在衍射平面和接收平面上的复振幅分布。可进一步将上式改写为

$$U(x,y)=\frac{\exp(\mathrm{i}kd)}{\mathrm{i}\lambda d}\exp\left[\frac{\mathrm{i}k}{2d}(x^2+y^2)\right]\mathrm{FFT}\left\{U_0(x,y)\exp\left[\frac{\mathrm{i}k}{2d}(x_0^2+y_0^2)\right]\right\}$$

$$(4-8)$$

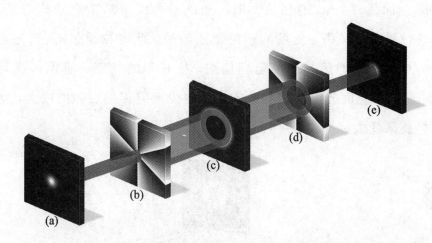

图 4.8　共轭模态检测 OAM 量子数原理示意

（a）基模高斯光束；（b）SLM1 上加载拓扑荷 $l=+6$ 的相位图；（c）调控后产生
$l=+6$ 的涡旋光；（d）SLM2 上加载拓扑荷 $l=-6$ 的相位图；（e）衍射光斑

以拉盖尔-高斯光束为研究对象，讨论采用共轭模态方法对产生的拉盖尔-高斯光束进行检测。首先两个空间光调制器 SLM1、SLM2 分别加载拓扑荷取值为 l 和 $-l$ 的相位图，当激光照射 SLM1 后，得到模态为 l 的拉盖尔-高斯光束 LG_p^l，用该光束照射 SLM2，此时 SLM2 作为衍射屏对入射的拉盖尔-高斯光束 LG_p^l 产生衍射作用，在距离 SLM2 为 d 的位置由接收屏对衍射光场进行接收，如图 4.9 所示。

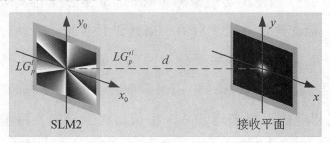

图 4.9　调制后得到的拉盖尔-高斯光束经第二个空间光调制器衍射示意图

如图 4.10 所示，假设 SLM1 调制得后得到的涡旋光为 $p=0$、$l=+2$ 模态的拉盖尔-高斯光束，SLM2 依次加载拉盖尔-高斯光束的相位图，相位图模态从左到右分别为 $l=-2$、$l=-4$、$l=-6$、$l=+2$、$l=+4$、$l=+6$，图 4.10(c) 为照射全息图后得到的光斑模拟结果。由图可以看出，当 SLM2 上加载 $l=-2$ 的相位图时，光斑不再保持暗中空结构的亮环，而在中心位置出现亮斑，光场的相位奇点消失，此时拉盖尔-高斯光束被还原为高斯光束；加载其他模态相位图，捕获到的光斑一直保持亮环结构，且随着两个空间光调制器加载的相位图模态值相加后和值增大，衍射光场半径逐渐变大。

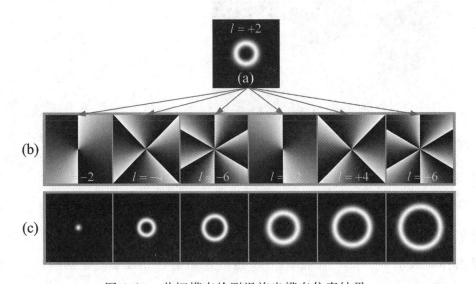

图 4.10　共轭模态检测涡旋光模态仿真结果

(a) SLM1 调控产生的拉盖尔-高斯光束；(b) SLM2 加载的相位图；(c) 捕获光斑

搭建如图 4.11 所示的实验检测装置，实验室激光器发射的激光波长为 632.8 nm，激光通过衰减片后由扩束镜进行扩束，扩束后的激光经偏振片后通过分束镜 BS1 将一束光分为两束等能量的光束，其中一束光照射到空间光调制器 SLM1，SLM1 用来调制产生特定模态的拉盖尔-高斯光束，调制后得到的涡旋光经 SLM1 面板反射后沿原光路重新进入分束镜 BS1，使光束传播路径发生改变，接着通过另一个分束镜 BS2 后照射到

SLM2 上，SLM2 上加载的相位图对入射拉盖尔-高斯光束产生作用，最后光场由会聚透镜聚焦后被 CCD 相机拍摄接收。为了验证理论仿真结果的正确性，对 $p=\{0,1\}$、$l=\{-6,-4,-2,+2,+4,+6\}$ 组合模态的拉盖尔-高斯光束进行检测。

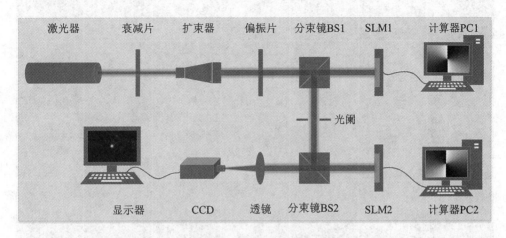

图 4.11　共轭模态检测实验装置示意图

　　按照图 4.11 规划的光路在实验室搭建检测光学平台，由于拉盖尔-高斯光束按照径向系数 p 是否取零值分为径向低阶拉盖尔-高斯光束和径向高阶拉盖尔-高斯光束，因此这里分 $p=0$ 和 $p\neq0$ 两种情况进行实验分析。首先，讨论 $p=0$ 时检测效果，按照上面叙述的加载相位图的顺序，依次向 SLM1 和 SLM2 加载 $p=0$ 的拉盖尔-高斯光束相位图，记录到的光斑如图 4.12 所示。图中第一列光斑是 SLM2 不加载任何图片时，CCD 拍摄到的衍射光场图样；其中图 4.12 第一行为 SLM1 空载时，SLM2 加载相位图调控得到的拉盖尔-高斯光束，其余各光斑为 SLM1 和 SLM2 同时工作时相机拍摄到的光斑。由图可观察到，当 SLM1 和 SLM2 两个空间光调制器加载的相位图拓扑荷互为相反数时，光斑中心出现亮斑；除此之外，光斑中心光强始终为零，并且两个空间光调制器加载的相位图模态取值之和越大，光斑亮环半径尺寸也随之越大。基于以上分析可知，可以通过判断接收到的光斑中心是否出现亮斑现象，反推出入射拉盖尔-高斯光束轨道角动量模态取值情况。

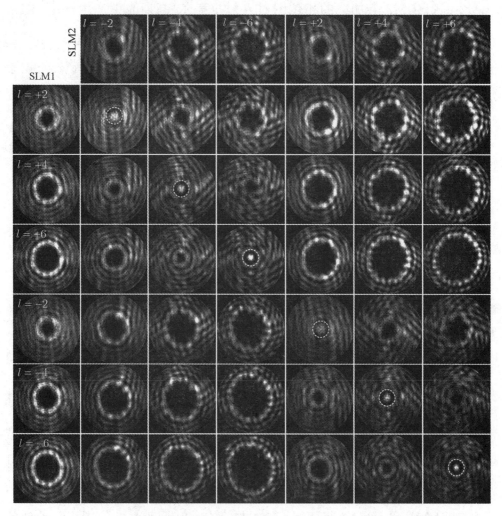

图 4.12　空间光调制器加载径向系数 $p=0$ 的相位图时检测结果

　　此外，基于图 4.11 的实验装置还对 $p \neq 0$ 时径向高阶拉盖尔-高斯光束情形开展了相关实验。以 $p=1$、$l=\{-6,-4,-2,+2,+4,+6\}$ 组合模态的拉盖尔-高斯光束为例，CCD 相机拍摄到图 4.13 所示的光斑。图中第一列和第一行分别为当 SLM2 或 SLM1 空载时，依次加载不同模态相位图得到的径向高阶拉盖尔-高斯光束光强分布。当 SLM1 和 SLM2 同时工作时，若两个空间光调制器加载相位图拓扑荷取值互为相反数，则光斑中心同样出现了亮斑，而其他情形保持中心光强为零，这与图 4.12 情况完全一致。因此，对于 $p=0$ 和 $p \neq 0$ 的拉盖尔-高斯光束，采用共轭模态检测方法识别入射涡旋光的模态信息是通用且行之有效的。

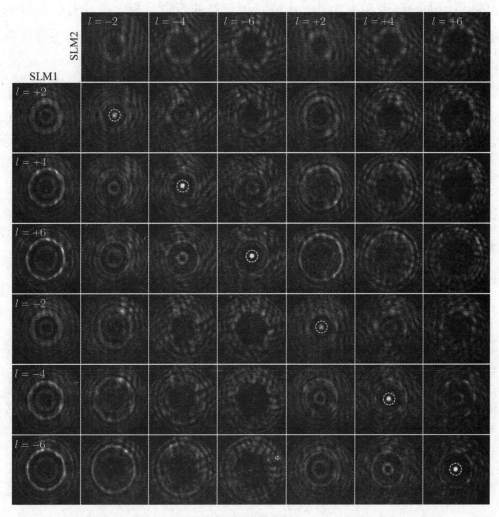

图 4.13　空间光调制器加载径向系数 $p=1$ 的相位图时检测结果

4.3　新型衍射光栅设计

4.3.1　周期渐变螺旋光栅

目前，国内外提出很多有关涡旋光模态探测的方法，尽可能地检测到更大范围的光场轨道角动量模态一直是科研工作者孜孜以求的目标。对模态探测范围的扩展也就意味着采用轨道角动量编译码的光通信有更多可资利用的编码资源。为此，介绍一种全新的衍射光栅，通过实验对该光栅的检测效果进行探索；结果表明使用该光栅可将轨道角动量模态可探测范围扩展至$-160\sim+160$。

将螺旋相位板函数与锥透镜传输函数结合，再与周期渐变相位光栅作用，得到一种新型的衍射光栅，如图 4.14 所示。得到光栅分布函数 ϕ 表达式为

$$\phi(r,\theta)=2+2\cos\left[m\theta+\frac{2\pi r}{D}-d\cos\zeta\right] \qquad (4-9)$$

式中，m 表示光栅的条纹数目，D 为光栅周期，d 是一个常量，$|\zeta|\leqslant\mu$，μ 表示区间范围内最大值。如图 4.14 所示，新型光栅的相位分布图样是一种螺旋旋转的样式，称之为周期渐变螺旋光栅。

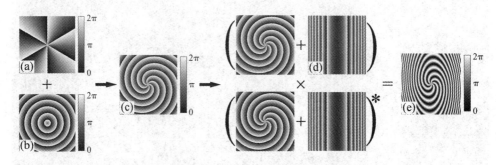

图 4.14　周期渐变螺旋光栅设计过程

(a) 螺旋相位；(b) 锥镜相位；(c) 螺旋锥镜相位；(d) 周期渐变相位光栅；

(e) 周期渐变螺旋光栅

拉盖尔-高斯光束作为一种典型常用的涡旋光，携带有轨道角动量，以检测拉盖尔-高斯光束模态为例，展开相关实验研究。在束腰平面位置处，入射拉盖尔-高斯光束的光场表达式可写为[15-26]

$$u(r,\theta,z=0)=\left(\frac{\sqrt{2}\,r}{\omega_0}\right)^{|l|}L_p^{|l|}\left(\frac{2r^2}{\omega_0^2}\right)\exp\left(-\frac{r^2}{\omega_0^2}\right)\exp(-\mathrm{i}l\theta) \qquad (4-10)$$

为验证采用新型周期渐变螺旋光栅检测涡旋光模态的可行性与有效性，搭建了如图 4.15 所示的实验平台。本实验所采用的空间光调制器 SLM1 和 SLM2 均为德国 Holoeye 公司 Pluto-NIR-011 型号产品。根据图 4.15 设计的光路装置图，在实验室搭建对应的涡旋光产生和模态检测

的实验光路，向空间光调制器 SLM1 加载相应的计算全息图，产生涡旋光，向 SLM2 加载设计的新型周期渐变螺旋光栅，对光场模态探测效果进行研究。

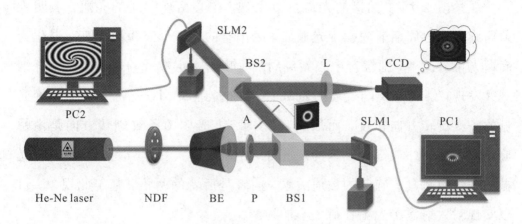

图 4.15　产生及检测轨道角动量模态的实验装置图

首先，对周期渐变螺旋光栅的参数设置进行优化，观察参量 μ 的取值对检测效果的影响。如图 4.16 第一行所示，从左向右依次给出了当 $\mu=0.8$、$\mu=0.5$、$\mu=0.1$ 以及 $\mu=0.01$ 时计算得到的周期渐变螺旋光栅。光栅其他参数设置依次为：$D=0.25$ mm，$m=+6$，加载到 SLM1 上用来产生入射拉盖尔-高斯光束的全息图拓扑荷 $l=+6$。SLM 分别同时加载全息图和检测光栅后，CCD 拍摄到图 4.16 第二行所示的光斑。

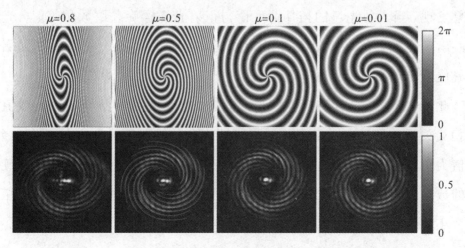

图 4.16　不同 μ 取值对应的周期渐变螺旋光栅及远场光斑

由图 4.16 可以观察到，随着参量 μ 取值的减小，周期渐变螺旋光栅条纹结构变得越来越清晰，同时观察到的光斑图样也变得愈加清晰。因此，设置合适的参量 μ 取值状态对于增强检测效果有明显的影响。

观察图 4.16 中拍摄的光斑可以发现，中心出现明显的亮斑，表明入射涡旋光照射周期渐变螺旋光栅后，暗中空的光斑形态发生改变，退化为高斯光束。此外，围绕着中心亮斑周围呈现出一定数量的螺旋条纹。仔细观察发现，螺旋条纹的旋转方向始终与加载到 SLM2 上周期渐变螺旋光栅的条纹旋转方向相反，而加载到 SLM2 上光栅的条纹旋转方向是由螺旋相位板的拓扑荷符号决定的。此外，光斑螺旋条纹数与周期渐变螺旋光栅的条纹数目具有确定的数值关系，前者是后者的两倍，基于此现象，可以实现对入射涡旋光拓扑荷大小的检测。

图 4.17 展示了不同拓扑荷拉盖尔-高斯光束照射 $m = \pm 4, \pm 6, \pm 8$ 的光栅后，观察到的实验结果。最左侧一列是加载到 SLM1 上用来产生拉盖尔-高斯光束的全息图，第二列为 SLM1 调控后得到 $l = +4, +6, +8$, $-4, -6, -8$ 的拉盖尔-高斯光束横截面光强分布。中间三列依次展示了各模态拉盖尔-高斯光束分别照射 $m = +4, +6, +8$ 衍射光栅后的光斑。为使实验数据更可信，除讨论光束照射 m 取正数对应光栅的情况，还对 m 为负值的情况进行研究，得到如图 4.17 最后三列的实验结果。观察实验结果发现，当入射光场的拓扑荷取值与衍射光栅螺旋条纹数相等时，光场中心出现亮斑；当 $l \neq m$ 时，中心保持暗中空结构。图中使用虚线圆圈对中心位置出现亮斑的区域进行标记。

此外，观察图 4.17 还注意到光斑暗中空区域的半径与 $|l-m|$ 数值成正相关关系。且当 m 为正数时，光斑螺旋条纹按照逆时针方向旋转，当 m 取值为负数时，光场螺旋条纹旋转方向为顺时针方向。尽管光斑的螺旋条纹的数目和旋转方向不随入射光场发生改变，但对于进一步精确检测拓扑荷大小和符号有很大的帮助。

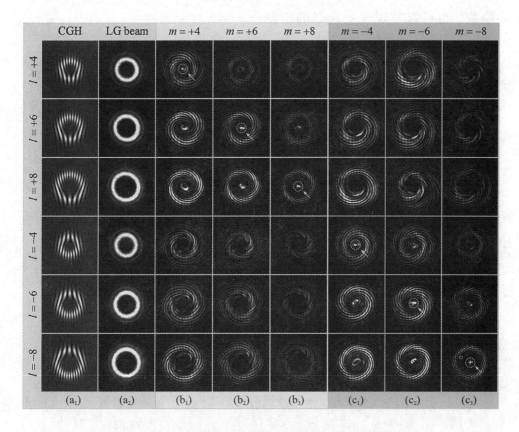

图 4.17　不同模态拉盖尔-高斯光束及其检测结果

（a_1）SLM1 上加载的计算全息图；（a_2）实验产生的 $l=\pm4,\pm6,\pm8$ 模态的拉盖尔-高斯光束；（b_1）～（b_3）拉盖尔-高斯光束照射 $m=+4,+6,+8$ 光栅后衍射图样；（c_1）～（c_3）拉盖尔-高斯光束照射 $m=-4,-6,-8$ 光栅后衍射图样

如图 4.18 所示，给出了非对准照射的概念框图，同时显示了部分检测结果。图 4.18(a)表示轨道角动量模态待测的入射涡旋光，图 4.18(b)是 $m=-6$ 时对应的光栅，当入射光场照射位置偏离光栅中心位置时，这里设置偏离中心距离 $S=2$ mm，分别得到图 4.18(c)和图 4.18(d)仿真结果与实验结果。与入射光场照射光栅中心位置情况不同，非对准照射时拍摄到的光斑不再是螺旋旋转图样，而得到类似厄米特-高斯光场光强分布形态。观察发现，光斑的亮条纹数等于入射光场拓扑荷模值加 1；条纹的倾斜角度反映了拓扑荷符号信息。因此，即使入射光场未严格照射光栅中

心位置，也可以实现光场模态的检测。

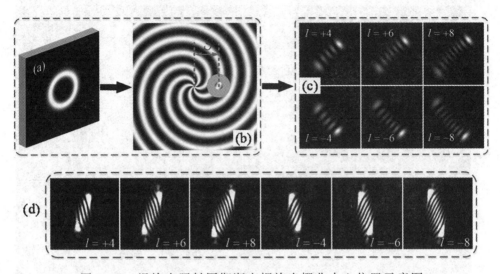

图4.18　涡旋光照射周期渐变螺旋光栅非中心位置示意图

（a）入射拉盖尔-高斯光束；（b）$m=-6$对应的周期渐变螺旋光栅；

（c）$l=\pm4,\pm6,\pm8$光场照射光栅后远场衍射仿真结果；

（d）$l=\pm4,\pm6,\pm8$光场照射光栅后远场衍射实验结果

　　为进一步验证设计的光栅的检测效果，对轨道角动量模值较大的情况开展实验研究。图4.19以及图4.20分别显示了$l=-30,-90,-120,-160$以及$l=+30,+90,+120,+160$时的拉盖尔-高斯光束照射光栅后得到的实验结果。从图中可以明显看到，光斑亮条纹将随着拓扑荷的增大而变得愈加密集，这是由条纹数目和入射光场拓扑荷具有的数值对应关系造成的。尽管与图4.18低阶模态入射光场得到的光斑相比，高阶模态入射光场的光斑可辨识度下降，但对高阶光场的光斑图样进行局部放大可以看出，条纹仍然清晰可辨。实验结果表明，使用本文设计的周期渐变螺旋光栅，可以将之前涡旋光最高±120[26]轨道角动量模态的探测范围扩展至±160。

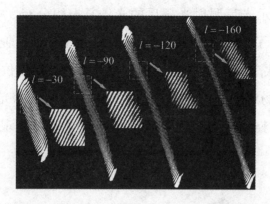

图 4.19　$l=-30,-90,-120,-160$ 时的拉盖尔-高斯

光束非对准照射光栅实验结果

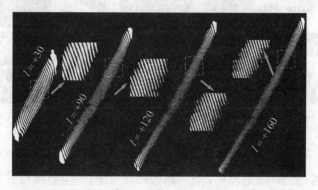

图 4.20　$l=+30,+90,+120,+160$ 时的拉盖尔-高斯

光束非对准照射光栅实验结果

4.3.2　螺旋相位光栅

螺旋相位光栅传输函数为

$$t(r,\phi)=\exp\left[\mathrm{i}\left(q\phi+\frac{2\pi r}{D}\right)\right] \tag{4-11}$$

经光栅衍射效应,传播到距离光栅位置 z 处,得到光场的远场衍射光强。根据菲涅尔衍射积分理论,远场光场可表示为

$$U(\rho,\phi)=\frac{\exp(\mathrm{i}kz)}{\mathrm{i}\lambda z}\exp\left(\frac{\mathrm{i}k}{2z}\rho^2\right)\int_0^\infty\int_0^{2\pi}U_0(r,\theta)\exp\left(\frac{\mathrm{i}k}{2z}r^2\right)\times$$

$$\exp\left\{-\frac{\mathrm{i}k}{z}\rho r\cos(\phi-\theta)\right\}r\mathrm{d}r\mathrm{d}\theta \tag{4-12}$$

式中，$U_0(r,\theta)$表示光束照射光栅后的光场复振幅分布。

图 4.21 给出了使用螺旋相位光栅检测拉盖尔-高斯光束模态的示意图，从左到右依次表示入射拉盖尔-高斯光束、螺旋相位光栅以及光束经光栅衍射后在远场观察到的光斑图样，图中用圆圈表示光束照射到光栅的位置。拉盖尔-高斯光束通过光栅后，远场衍射光场表现为多个独立分布的亮条纹。

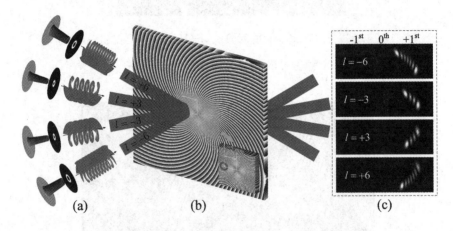

图 4.21　使用螺旋相位光栅测量拉盖尔-高斯光束模态示意图

（a）入射拉盖尔-高斯光束；（b）螺旋相位光栅；（c）远场衍射光强分布

采用数值模拟的方法对拉盖尔-高斯光束通过螺旋相位光栅的衍射过程进行研究。仿真参数设置如表 4.1 所示。

表 4.1　拉盖尔-高斯光束照射螺旋相位光栅参数设置

入射光束波长 λ/nm	632.8
束腰半径 ω_0/mm	0.5
螺旋相位光栅条纹数 q	80
光栅径向周期 D/mm	0.03
光束照射位置中心与光栅中心距离 L/mm	3.5

将拉盖尔-高斯光束照射螺旋相位光栅分两种情况进行仿真讨论，即当径向模态 $p=0$，以及 $p\neq0$ 时拉盖尔-高斯光束入射的情况。如图 4.22 所示，当 $p=0$ 的拉盖尔高斯-光束照射光栅后，光束形态从单环结构变为

由一系列亮斑组合的带状光强分布。对衍射光强模态亮斑计数后发现，入射光场的角向系数的数值等于总亮斑数减 1。同时，角向系数 l 的符号与带状光强分布的倾斜角度相关，当带状光强图样与 x 轴正方向夹角为锐角时，l 符号取正；夹角为钝角时，l 为负数。

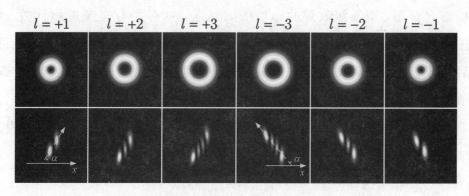

图 4.22　径向模态 $p=0$ 的拉盖尔-高斯光束照射螺旋
相位光栅远场衍射光强分布模拟结果

为探究径向系数 p 取非零值时，光场模态与远场衍射光强分布之间的关系，对 $p\neq0$ 情况进行了模拟，仿真结果如图 4.23 所示。当径向高阶

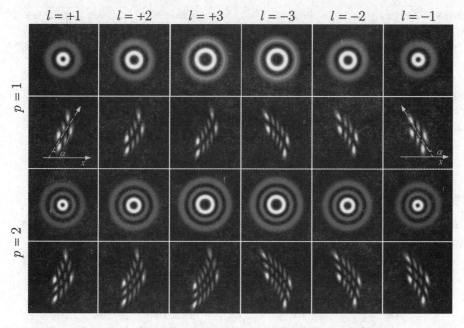

图 4.23　径向模态 $p\neq0$ 的拉盖尔-高斯光束照射螺旋
相位光栅远场衍射光强分布模拟结果

拉盖尔-高斯光束照射衍射光栅后，光束多环光强结构衍化为亮斑组成的阵列。与 $p=0$ 的情形不同，衍射光强亮斑总数不再等于轴向系数值减 1，而变为与 p 和 l 均相关的数值：$(p+|l|+1)(p+1)$。

为快速地获取入射光场的模态信息，设计如图 4.24 所示的模式识别流程图。首先，观察接收到的远场衍射光强，并对所有亮斑进行计数，将亮斑总数记为 $(a\times b)$，a 和 b 分别表示沿图中垂直和倾斜方向亮斑数目；然后，通过观察衍射图案亮斑与 x 轴正方向之间夹角 α；接着，比较 a 和 b 数值的大小关系，并依次将两者中较大和较小的数值赋值给 n 与 m，用常量 τ 表示角度 α 信息。最终通过判别，输出拉盖尔-高斯光束的两个模态数值为 $p=m-1$，$l=(-1)^{\tau}(n-m)$。

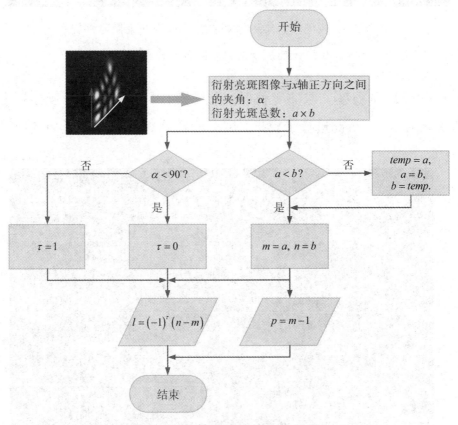

图 4.24 模态检测算法流程图

为证实上述检测方案的可行性与仿真模拟结果的正确性，搭建光学实验平台进行实验论证，实验装置如图 4.25 所示。基于实验室搭建的检测平台,对螺旋相位光栅的检测效果进行研究。首先,向 SLM1 加载用来生成拉盖尔-高斯光束的全息图,SLM2 不加载任何图形,此时 CCD 相机拍摄到的图片即为实验产生的拉盖尔-高斯光束。然后向 SLM2 加载计算得到的螺旋相位光栅,此时在远场观察到光强分布由单环($p=0$,如图 4.26 所示)或多环($p\neq0$,如图 4.27 所示)变为多个亮斑组合而成的带状条纹。通过对实验结果与仿真模拟结果比较发现,实验产生的入射拉盖尔-高斯光束以及远场衍射光强分布与仿真结果保持一致,表明采用螺旋相位光栅测量涡旋光模态是行之有效的。

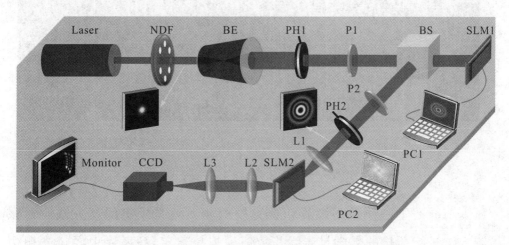

图 4.25　涡旋光产生及模态检测实验装置概念图

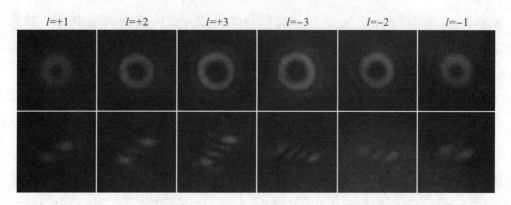

图 4.26　实验得到的 $p=0$;$l=\pm1,\pm2,\pm3$ 模态时的拉盖尔-高斯
光束及远场衍射光强分布

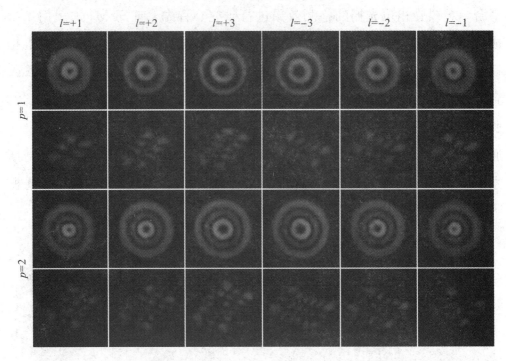

图 4.27　实验得到的 $p=1,2$；$l=\pm1,\pm2,\pm3$ 模态时的拉盖尔-高斯
光束及远场衍射光强分布

　　本节介绍了一种采用螺旋相位光栅检测涡旋光模态的新方法。对该检测方法进行严格的数学推导，并数值模拟拉盖尔-高斯光束经过光栅衍射后远场光强分布，最终通过实验验证该检测方案的正确性和有效性。理论和实验结果表明，光束照射螺旋相位光栅后，光场初始的暗中空环状光强形态分裂为一系列规则分布的亮斑，衍射亮斑的数目以及倾斜方向与入射拉盖尔-高斯光束的径向模态和角向模态直接相关。

参 考 文 献

[1]　HARRIS M，HILL C A，TAPSTER P R，et al. Laser modes with helical wave fronts [J]. Physical Review A，1994，49（4）：3119-3122.

[2]　李阳月，陈子阳，刘辉，蒲继雄. 涡旋光的产生与干涉[J]. 物理学报，2010，59(03)：1740-1748.

［3］　郭苗军，曾军，李晋红. 基于螺旋相位板的涡旋光的产生与干涉［J］. 激光与光电子学进展，2016，53(09)：236-242.

［4］　BASISTIY I V，SOSKIN M S，VASNETSOV M V. Optical wavefront dislocations and their properties［J］. Optics Communications，1995，199 (5-6)：604-612.

［5］　LEACH J，PADGETT M J，BARNETT S M，et al. Measuring the orbital angular momentum of a single photon［J］. Physical Review Letters，2002，88(25)：257901.

［6］　WEI H，XUE X，LEACH J，et al. Simplified measurement of the orbital angular momentum of single photons［J］. Optics Communications，2003，223(1)：117-122.

［7］　LEACH J，COURTIAL J，SKELDON K D，et al. Interferometric methods to measure orbital and spin，or the total angular momentum of a single photon［J］. Physical Review Letters，2004，92(1)：013601.

［8］　GHAI D P，SENTHILKUMARAN P，SIROHI R S，et al. Single-slit diffraction of an optical beam with phase singularity［J］. Optics and Lasers in Engineering，2009，47(1)：123-126.

［9］　SZTUL H I，ALFANO R R. Double-slit interference with Laguerre-Gaussian beams［J］. Optics Letters，2006，31(7)：999-1001.

［10］　GUO C，LU L，WANG H，et al. Characterizing topological charge of optical vortices by using an annular aperture［J］. Optics Letters，2009，34(23)：3686-3688.

［11］　HICKMANN J M，FONSECA E J，SOARES W C，et al. Unveiling a truncated optical lattice associated with a triangular aperture using light's orbital angular momentum［J］. Physical Review Letters，2010，105(5)：053904.

［12］　TAIRA Y，ZHANG S. Split in phase singularities of an optical vortex by off-axis diffraction through a simple circular aperture［J］. Optics Letters，2017，42(7)：1373-1376.

[13] BERKHOUT G C, LAVERY M P, COURTIAL J, et al. Efficient sorting of orbital angular momentum states of light[J]. Physical Review Letters, 2010, 105(15): 153601.

[14] ZHANG N, YUAN X, BURGE R E, et al. Extending the detection range of optical vortices by Dammann vortex gratings[J]. Optics Letters, 2010, 35(20): 3495-3497.

[15] DAI K, GAO C, ZHONG L, et al. Measuring OAM states of light beams with gradually-changing-period gratings[J]. Optics Letters, 2015, 40(4): 562-565.

[16] HEBRI D, RASOULI S, YEGANEH M, et al. Intensity-based measuring of the topological charge alteration by the diffraction of vortex beams from amplitude sinusoidal radial gratings[J]. Journal of The Optical Society of America B, 2018, 35(4): 724-730.

[17] ZHANG Y, LI P, ZHONG J, et al. Measuring singularities of cylindrically structured light beams using a radial grating[J]. Applied Physics Letters, 2018, 113(22): 221108.

[18] LI Y, DENG J, LI J, et al. Sensitive orbital angular momentum (OAM) monitoring by using gradually changing-period phase grating in OAM-multiplexing optical communication systems[J]. IEEE Photonics Journal, 2016, 8(2): 1-6.

[19] CHEN R, ZHANG X, ZHOU Y, et al. Detecting the topological charge of optical vortex beams using a sectorial screen[J]. Applied Optics, 2017, 56(16): 4868-4872.

[20] MA H, LI X, TAI Y, et al. In situ measurement of the topological charge of a perfect vortex using the phase shift method[J]. Optics Letters, 2017, 42(1): 135-138.

[21] LIU Z, GAO S, XIAO W, et al. Measuring high-order optical orbital angular momentum with a hyperbolic gradually changing period pure-phase grating[J]. Optics Letters, 2018, 43(13): 3076-3079.

[22] VAITY P，BANERJI J，SINGH R P，et al. Measuring the topological charge of an optical vortex by using a tilted convex lens[J]. Physics Letters A，2013，377(15)：1154-1156.

[23] KOTLYAR V V，KOVALEV A A，Porfirev A P，et al. Astigmatic transforms of an optical vortex for measurement of its topological charge [J]. Applied Optics，2017，56(14)：4095-4104.

[24] VOLYAR A V，BRETSKO M，Akimova Y，et al. Measurement of the vortex and orbital angular momentum spectra with a single cylindrical lens[J]. Applied Optics，2019，58(21)：5748-5755.

[25] JANICIJEVIC L，MOZER J，JONOSKA M. Diffraction properties of circular and linear zone plates with trapezoid profile of the phase layer. Bulletin des Sociétés des Physiciens de la Rep. Soc. de Macedoine，1978，28：23-29.

[26] CHEN R，ZHANG X，WANG J，et al. Scalable detection of photonic topological charge using radial phase grating[J]. Applied Physics Letters，2018，112(12)：122602.

第5章　湍流环境中光场的传输特性

5.1　大气湍流环境

日常生活中容易观察到这样的现象，将一滴墨水滴入透明的容器内，如果容器保持静止不动，墨滴在容器中缓慢扩散很容易区分出墨滴所在的位置，但是当容器不停晃动时，则墨滴很快向周围水质扩散，与水混合颜色变淡，再也分辨不出原始的墨滴。早在1883年科学家做了类似的实验，观察有色颜料在水平放置装满水的玻璃管中的运动情况，提出了"湍流"的概念。类似地，如果将人类赖以生存的大气层看作一个大容器，人类的活动、太阳辐射、地表热辐射等都会对大气的温度和流动速度造成影响，从而导致大气密度和大气压发生明显的随机变化，产生大气湍流。大气湍流处于不停的运动变化状态，具体形式表现为较大的气流涡旋随着不停运动分裂变小，直至消失不见。正是大气这种随机运动变化的特点，使光波在其中传输时产生光强和波前相位的随机起伏。湍流运动是一种随机过程，通常用结构函数和相关函数对随机场的空间统计特性进行描述。在研究光波通过大气传输时，常用大气折射率起伏功率谱对光波传输特性进行建模分析。

5.1.1　大气湍流折射率起伏功率谱模型

为研究激光在大气中的传输特性，目前已提出多种大气湍流折射率起伏功率谱模型，下面对这些模型进行一一介绍。

早期，Kolmogorov提出了适用于惯性区的折射率起伏功率谱模型，

其表达式为

$$\Phi_n(\kappa)=0.033C_n^2\kappa^{-11/3}, \quad \frac{1}{L_0}<\kappa<\frac{1}{l_0} \tag{5-1}$$

式中，C_n^2 是湍流折射率结构常数，用来表征大气湍流的强度。根据 C_n^2 的取值情况可以将大气湍流分为强湍流、中等湍流以及弱湍流，不同强度湍流分别对应取值范围为 $C_n^2>2.5\times10^{-13}$ m$^{-2/3}$，6.4×10^{-17} m$^{-2/3}<C_n^2<2.5\times10^{-13}$ m$^{-2/3}$，$C_n^2<6.4\times10^{-17}$ m$^{-2/3}$。l_0 表示湍流内尺度，L_0 是湍流外尺度；r 为观察点之间的距离。需要指出的是，虽然 Kolmogorov 大气湍流功率谱模型被广泛应用于研究光波传输特性，但该功率谱只适用于湍流内尺度为零、外尺度趋向于无穷大的情况。

当考虑湍流内尺度时，Tatarskii 在公式(5-1)的基础上引入高斯形式衰减函数，将功率谱使用范围扩展至耗散区，得到 Tatarskii 谱，即

$$\Phi_n(\kappa)=0.033C_n^2\kappa^{-11/3}\exp\left(\frac{-\kappa^2}{\kappa_m^2}\right), \quad \kappa>\frac{1}{L_0} \tag{5-2}$$

式中，$\kappa_m=5.92/l_0$。

为考虑湍流低频区，同时避免计算中 $\kappa=0$ 处存在的积分奇点现象，冯·卡门(Von Karman)对公式(5-1)进行修正，得到 Von Karman 谱[1]：

$$\Phi_n(\kappa)=0.033C_n^2(\kappa^2+\kappa_0^2)^{-11/6}, \quad 0\leqslant\kappa\leqslant\infty \tag{5-3}$$

式中，$\kappa_0=2\pi/L_0$。

对照公式(5-2)和公式(5-3)可知，Tatarskii 谱和 Von Karman 谱分别考虑了湍流内尺度和外尺度对传输统计特性的影响，为了能够将湍流内、外尺度同时考虑进去，将 Von Karman 谱与 Tatarskii 谱综合，构成了修正 Von Karman 谱，其数学表达式为

$$\Phi_n(\kappa)=0.033C_n^2(\kappa^2+\kappa_0^2)^{-11/6}\exp\left(\frac{-\kappa^2}{\kappa_m^2}\right), \quad 0\leqslant\kappa\leqslant\infty \tag{5-4}$$

为了方便数学计算，前苏联专家对 Von Karman 谱指数部分进行了一定近似处理，获得指数谱，即：

$$\Phi_n(\kappa)=0.033C_n^2(\kappa^2+\kappa_0^2)^{-11/6}\left[1-\exp\left(\frac{-\kappa^2}{\kappa_m^2}\right)\right], \quad 0\leqslant\kappa\leqslant\infty \tag{5-5}$$

当湍流内、外尺度分别取值 1 cm 和 10 m 时，图 5.1 给出了不同湍流

功率谱模型随波数 κ 取值的变化情况。从图 5.1 可以观察到，在 $\kappa_0 < \kappa < \kappa_m$ 的区域，几种大气折射率功率谱结果一致，说明在惯性区域内，几种谱模型都可以用来描述湍流运动；当 $\kappa > \kappa_m$ 时，大气湍流处于耗散区域，在该区域 Tatarskii 谱、修正 Von Karman 谱以及指数谱的谱线走势相同，均随着波数 κ 取值的增大迅速下降，Kolmogorov 谱和 Von Karman 谱表现为线性下降的趋势。

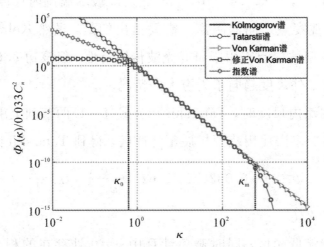

图 5.1　大气折射率起伏功率谱线随 κ 的变化图

需要指出的是，以上给出的 Tatarskii 谱、Von Karman 谱、修正 Von Karman 谱以及指数谱都是为了便于数学计算而构建的，并不是严格的物理模型。准确来讲，上述给出的五种谱模型只适用于大气湍流惯性子区，而对于其他区域是不正确的。尤其是在高空间频率 l/l_0 附近不能反映大气湍流折射率指数起伏中出现的大波数跃变现象[2,3]。为了能真实可靠地描述湍流功率谱起伏变化的规律，Hill 提出了和实验测量数据拟合度较高，且包含高空间频率突变的数值模型，即 Hill 谱模型，表达式为[4]

$$\Phi_n(\kappa) = 0.033C_n^2\kappa^{-11/3}\{\exp(-1.2\kappa^2 l_0^2) +$$

$$1.45\exp[-0.97(\ln\kappa l_0 - 0.452)^2]\}, \quad 0 \leqslant \kappa \leqslant \infty \quad (5-6)$$

公式(5-6)是精确的数值解，不易于直接用来研究分析光波在大气湍流中传输，为了方便理论分析计算，Andrews 在 Hill 谱基础上提出了一个包含大气湍流外尺度的 Hill 谱的近似谱模型，即修正 Hill 谱，修正 Hill

谱的数学形式为

$$\Phi_n(\kappa)=0.033C_n^2\Big[1+a_1\frac{\kappa}{\kappa_l}-a_2\Big(\frac{\kappa}{\kappa_l}\Big)^{7/6}\Big]\frac{\exp(-\kappa^2/\kappa_l^2)}{(\kappa^2+\kappa_0^2)^{11/6}},\quad 0\leqslant\kappa\leqslant\infty$$

$$(5-7)$$

式中，$a_1=1.802$，$a_2=0.254$，$\kappa_l=3.3/l_0$。将 $\kappa_l=\kappa_m$，$a_1=a_2=0$ 代入公式(5-7)，可知修正 Hill 谱将退化为 Von Karman 谱；若 $\kappa_0=l_0=0$，式(5-7)可简化为 Kolmogorov 功率谱模型。

为了便于计算，Andrews 对修正 Hill 谱做了类似于指数谱的近似，得到 Andrews 谱，具体表达式为

$$\Phi_n(\kappa)=0.033C_n^2\kappa^{-11/3}\Big[1+a_1\frac{\kappa}{\kappa_l}-a_2\Big(\frac{\kappa}{\kappa_l}\Big)^{7/6}\Big]\exp\Big(-\frac{\kappa^2}{\kappa_l^2}\Big)\Big[1-\exp\Big(-\frac{\kappa^2}{\kappa_0^2}\Big)\Big]$$

$$(5-8)$$

为了比较不同湍流功率谱模型之间的差异，采用与图 5.1 相同的仿真参数，得到如图 5.2 所示的归一化大气折射率起伏功率谱线随 κl_0 变化的曲线图。从图中可以明显看出，修正 Hill 谱和 Andrews 谱在 $0.1<\kappa l_0<10$ 的范围内，功率谱折射率指数起伏发生明显的跃变，印证了实验测量数据出现高波数突变的现象，而对于其他五种大气湍流折射率功率谱模型，不会出现折射率起伏突变。

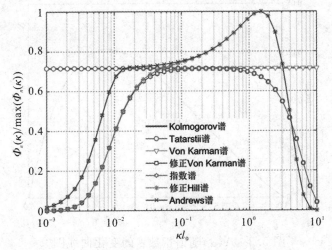

图 5.2　归一化大气折射率起伏功率谱线随 κl_0 的变化图

Kolmogorov 湍流理论在解决实际大气光学传输问题过程中取得了巨大成功，然而最近的实验结果表明：实际的大气环境并非都能采用上述几种湍流功率谱模型来描述，对流层顶部及同温层大气湍流都与 Kolmogorov 模型不相吻合[5-7]，且当光束沿垂直方向进行传播时，大气湍流表现出很强的 non-Kolmogorov 特征[8,9]。根据 non-Kolmogorov 湍流理论，对 Kolmogorov 常规功率谱模型进行推广，可以得到广义湍流功率谱模型，具体表示为

$$\Phi_n(\kappa) = A(\alpha)\tilde{C}_n^2\kappa^{-\alpha}, \quad 0 \leqslant \kappa < \infty \qquad (5-9)$$

式中，α 是功率谱指数，取值范围为 $3 < \alpha < 5$；$A(\alpha)$ 是保持功率谱与折射率结构常数一致性的连续函数，可表示为 $A(\alpha) = \Gamma(\alpha-1)\cos(\alpha\pi/2)/4\pi^2$，$\Gamma(\cdot)$ 代表伽马（Gamma）函数；$\tilde{C}_n^2$ 是广义折射率结构常数，其单位为 $m^{3-\alpha}$。

如图 5.3 给出了函数 $A(\alpha)$ 随谱指数 α 取值的变化图。从图中可以看出，$A(\alpha)$ 在 α 取值区间内是先逐渐增大后迅速减小的过程，当 α 无限接近于取值范围边界值 3 和 5 时，$A(\alpha) \to 0$；同时还注意到 $\alpha = 11/3$ 时，$A(\alpha) = 0.033$，此时广义折射率结构常数的单位变为 $m^{-2/3}$，得到 $\tilde{C}_n^2 = C_n^2$，即 non-Kolmogorov 功率谱退化为常规 Kolmogorov 大气湍流功率谱。

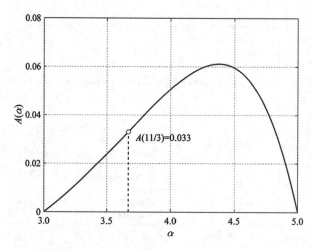

图 5.3　$A(\alpha)$ 随谱指数 α 的变化曲线图

根据公式（5-9），可以将 Kolmogorov 功率谱模型改写为相应的

non-Kolmogorov 形式，其中 Tatarskii 谱、Von Karman 谱、修正 Von Karman 谱、指数谱、修正 Hill 谱和 Andrews 谱对应的 non-Kolmogorov 数学表达式依次为

$$\Phi_n(\kappa) = A(\alpha)\widetilde{C}_n^2 \kappa^{-\alpha} \exp\left(-\frac{\kappa^2}{\kappa_m^2}\right) \qquad (5-10)$$

$$\Phi_n(\kappa) = A(\alpha)\widetilde{C}_n^2 (\kappa^2 + \kappa_0^2)^{-\alpha/2} \qquad (5-11)$$

$$\Phi_n(\kappa) = A(\alpha)\widetilde{C}_n^2 (\kappa^2 + \kappa_0^2)^{-\alpha/2} \exp\left(-\frac{\kappa^2}{\kappa_m^2}\right) \qquad (5-12)$$

$$\Phi_n(\kappa) = A(\alpha)\widetilde{C}_n^2 \kappa^{-\alpha} \exp\left(-\frac{\kappa^2}{\kappa_m^2}\right)\left[1 - \exp\left(-\frac{\kappa^2}{\kappa_0^2}\right)\right] \qquad (5-13)$$

$$\Phi_n(\kappa) = A(\alpha)\widetilde{C}_n^2 \left[1 + 1.802\frac{\kappa}{\kappa_l} - 0.254\left(\frac{\kappa}{\kappa_l}\right)^{3-\alpha/2}\right]\frac{\exp(-\kappa^2/\kappa_l^2)}{(\kappa^2 + \kappa_0^2)^{\alpha/2}} \qquad (5-14)$$

$$\Phi_n(\kappa) = A(\alpha)\widetilde{C}_n^2 \kappa^{-\alpha}\left[1 + 1.802\frac{\kappa}{\kappa_l} - 0.254\left(\frac{\kappa}{\kappa_l}\right)^{3-\alpha/2}\right] \times$$

$$\exp\left(-\frac{\kappa^2}{\kappa_l^2}\right)\left[1 - \exp\left(-\frac{\kappa^2}{\kappa_0^2}\right)\right] \qquad (5-15)$$

在以上给出的 non-Kolmogorov 表达式中，$\kappa_m = \dfrac{c(\alpha)}{l_0}$，$\kappa_0 = \dfrac{2\pi}{L_0}$。对于公式 (5-10) ～ (5-13)，有

$$c(\alpha) = \left[\Gamma\left(5 - \frac{\alpha}{2}\right)A(\alpha)\frac{2\pi}{3}\right]^{1/(\alpha-5)[10]}$$

对于公式 (5-14) 和公式 (5-15)，有

$$c(\alpha) = \left\{\pi A(\alpha)\left[\Gamma\left(\frac{3}{2} - \frac{\alpha}{2}\right)\frac{3-\alpha}{3} + 1.802\Gamma\left(2 - \frac{\alpha}{2}\right)\frac{4-\alpha}{3} - \right.\right.$$

$$\left.\left. 0.254\Gamma\left(3 - \frac{3\alpha}{4}\right)\frac{4-\alpha}{2}\right]\right\}^{1/(\alpha-5)}$$

5.1.2 多相位屏模拟大气湍流

激光在大气环境中传播，由于受湍流效应的影响，会产生光强衰减、相位起伏、光束扩展和漂移等现象，严重影响了光传输系统的性能。为了有效解决光束传输问题，科学工作者对光在湍流环境中的传输效应展开了

大量研究。其中，开展相关实验与数值仿真模拟作为研究大气光学问题的两种有效手段被广泛采用。而采取数值模拟方法研究大气湍流问题时，多相位屏法模拟光束在湍流环境的传输性能的正确性得到验证。多相位屏模拟大气湍流的基本思想是：将湍流环境看作是由真空环境和等间隔若干独立分布的相位屏构成，且光束在传输过程中，针对设定的真空环境和相位屏对光束的影响分别单独处理，最后将所有的传播响应进行累积的过程，如图 5.4 所示展示了激光在湍流中的传输过程以及将湍流环境等效为湍流相位屏模型的示意图。

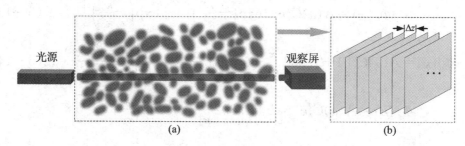

图 5.4　光束在大气湍流环境传输过程示意图

（a）光束在湍流环境中的传输过程；（b）多相位屏表示大气湍流

　　光束在到达第一个相位屏之前，先经历一段自由空间的传输过程，传输到第一个相位屏位置时光场衍化为[11,12]

$$U_{1-}(x,y)=\mathcal{F}^{-1}\{\mathcal{F}[U_0(x,y)]U_{\text{prop}}(\kappa_x,\kappa_y)\} \qquad (5-16)$$

式中，$U_{\text{prop}}(\kappa_x,\kappa_y)$ 表示光束在自由空间频域传输函数，κ_x、κ_y 分别表示在 x 轴和 y 轴的空间频率分量。

　　当光束到达第一个相位屏并穿过后，光场受湍流随机相位分布影响被附加上新的相位扰动，得到通过相位屏后的光场表达式为

$$U_{1+}(x,y)=U_{1-}(x,y)\exp[\mathrm{i}\beta_1(x,y)] \qquad (5-17)$$

式中，$\beta_1(x,y)$ 表示通过的第一个相位屏的随机相位分布函数。

　　当光束继续传输，通过下一个相位屏前、后再次执行公式(5-16)和(5-17)运算过程，依次循环迭代，直至通过所有的 M 个相位屏。

　　下面考虑用功率谱反演法获取相位屏分布函数 $\beta(x,y)$：首先由大气折射率功率谱 $\Phi_n(\kappa_x,\kappa_y)$ 得到大气湍流的相位频谱 $\Phi(\kappa_x,\kappa_y)$，表达式为

$$\Phi(\kappa_x,\kappa_y)=2\pi k^2 \Delta z \Phi_n(\kappa_x,\kappa_y) \tag{5-18}$$

式中，Δz 为相邻两相位屏之间的距离。用相位频谱 $\Phi(\kappa_x,\kappa_y)$ 对复高斯随机矩阵 $H(\kappa_x,\kappa_y)$ 先进行滤波，再经过傅里叶变换运算，便得到空间域相位屏相位分布函数，表示为

$$\beta(x,y)=C\sum_{\kappa_x}\sum_{\kappa_y}H(\kappa_x,\kappa_y)\sqrt{\Phi(\kappa_x,\kappa_y)}\exp[\mathrm{i}(\kappa_x x+\kappa_y y)] \tag{5-19}$$

公式中常数 $C=\sqrt{\Delta\kappa_x \Delta\kappa_y}$ 用来控制相位屏方差，$\Delta\kappa_x=2\pi/(N\Delta x)$，$\Delta\kappa_y=2\pi/(N\Delta y)$ 表示频域网格间距，N 为相位屏所在平面沿着 x 轴或 y 轴分割的网格数，因此相位屏共有 $N\times N$ 个网格；Δx、Δy 表示当对相位屏进行网格划分时的网格间距，当网格均匀划分时，有 $\Delta x=\Delta y$；在空域内坐标 (x,y) 满足 $x=m\Delta x$，$y=n\Delta y$，频域内 (κ_x,κ_y) 满足 $\kappa_x=m'\Delta\kappa_x$，$\kappa_y=n'\Delta\kappa_y$，其中 m、n、m' 和 n' 均为整数。因此上式可改写为

$$\beta(m\Delta x,n\Delta y)=\frac{2\pi}{N}\sqrt{\Delta\kappa_x \Delta\kappa_y}\sum_{m'}\sum_{n'}H(m',n')\sqrt{\Phi(m',n')}\times$$

$$\exp\left[\mathrm{i}\left(\frac{2\pi mm'}{N}+\frac{2\pi nn'}{N}\right)\right] \tag{5-20}$$

相位屏的相位频谱方差表达式为

$$\sigma^2(m',n')=\left(\frac{2\pi}{N\Delta x}\right)^2\Phi(m',n') \tag{5-21}$$

将公式 (5-21) 代入公式 (5-20) 中，得到相位屏随机相位分布函数为

$$\beta(m\Delta x,n\Delta y)=\sum_{m'}\sum_{n'}H(m',n')\sigma(m',n')\exp\left[\mathrm{i}\left(\frac{2\pi mm'}{N}+\frac{2\pi nn'}{N}\right)\right] \tag{5-22}$$

公式 (5-22) 可进一步改写为傅里叶变换形式，得到最终表达式为

$$\beta(x,y)=\mathcal{F}[H(\kappa_x,\kappa_y)\sigma(\kappa_x,\kappa_y)] \tag{5-23}$$

根据得到的湍流相位分布函数，对相位屏进行仿真模拟，设置相位屏沿 x 和 y 方向网格数 $N=1024$，大气湍流折射率结构常数 $C_n^2=5\times10^{-11}$ $\mathrm{m}^{-2/3}$。以公式 (5-8) 表示的 Andrews 大气湍流折射率功率谱为研究对象，得到如图 5.5 所示的湍流相位屏。

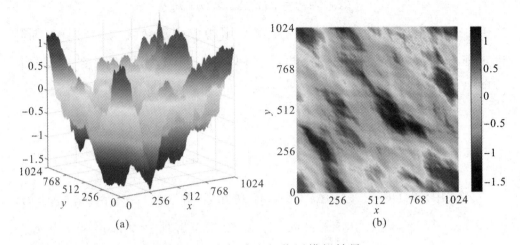

图 5.5　大气湍流相位屏模拟结果

（a）大气湍流相位屏三维图；（b）大气湍流相位屏二维平面图

5.2　海洋湍流环境

与大气环境类似，光束在海洋环境中传输时会受到海洋湍流的影响，产生光强衰减、闪烁、偏移和扩展等现象。不同的是，大气湍流主要受温度的随机波动影响，而海水湍流不仅受温度起伏的影响，还受盐度梯度的影响，因此导致更加复杂不规则的运动，与大气湍流相比，其具有更加复杂的运动形式。但是对海洋湍流的研究是迫切需要的，舰艇编队、水下目标通信等都不可避免地面对海洋湍流环境，要实现海洋强国的目标更离不开对海洋环境的研究。

5.2.1　海洋湍流折射率起伏功率谱模型

1978 年，Hill 等[13]提出了四种海洋湍流折射率起伏功率谱模型，但这些模型仅考虑到局部海水温度随机波动或海水盐度变化的影响。针对这一现象，Nikishov[14]等人在 Hill 海洋功率谱模型的基础上提出了一种能同时兼顾海水温度和盐度波动影响的功率谱解析模型。若假设湍流是均匀且各向同性的稳定湍流，可以得到 Nikishov 海洋湍流折射率起伏功

率谱表达式为

$$\Phi_n(\kappa)=0.388\times10^{-8}\varepsilon^{-1/3}\kappa^{-11/3}[1+2.35(\kappa\eta)^{2/3}]f(\kappa,\omega,\chi_T)$$

$$(5-24)$$

$$f(\kappa,\omega,\chi_T)=\frac{\chi_T}{\omega^2}[\omega^2\exp(-A_T\delta)+\exp(-A_S\delta)-2\omega\exp(-A_{TS}\delta)]$$

$$(5-25)$$

$$\delta=8.284(\kappa\eta)^{4/3}+12.978(\kappa\eta)^2 \qquad (5-26)$$

式中，A_T、A_S 和 A_{TS} 为常量，取值分别为 $A_T=1.863\times10^{-2}$，$A_S=1.9\times10^{-4}$，$A_{TS}=9.41\times10^{-3}$。接下来对海洋湍流折射率功率谱中出现的其他参量进行介绍。

ε 表示海洋湍流的动能耗散率，用来表征单位时间单位质量的海水湍流动能因为内摩擦转化为分子热运动动能的速率，具体表达式为

$$\varepsilon=\left(\frac{\nu}{2}\right)\langle S_{ij}S_{ij}\rangle \qquad (5-27)$$

式中，ν 是运动粘度系数，$S_{ij}=(\partial u_i/\partial x_j+\partial u_j/\partial x_i)$，$i,j=1,2,3$，$(u_1,u_2,u_3)$ 分别对应每个正交方向上海洋湍流的流速。若海洋湍流满足均匀且各向同性的条件，上式可简写为

$$\varepsilon=\left(\frac{15\nu}{2}\right)\left\langle\left(\frac{\partial u}{\partial z}\right)^2\right\rangle \qquad (5-28)$$

海洋湍流的动能耗散率取值大小与海水深度直接相关[15]，海水深度越深，ε 取值越小。在海水表面，海洋湍流比较活跃，ε 取值可达 10^{-1} m^2s^{-3}，而在深海区域，ε 取值接近于最小值 10^{-10} m^2s^{-3}，因此 ε 的取值范围为 10^{-10} $m^2s^{-3}\sim10^{-1}$ m^2s^{-3}。

η 表示海洋湍流的 Kolmogorov 微尺度，与大气湍流内尺度 l_0 类似，η 与湍流的动能耗散率 ε 以及运动粘度系数 ν 有关，具体关系为

$$\eta=\left(\frac{\nu^3}{\varepsilon}\right)^{1/4} \qquad (5-29)$$

海洋湍流的 Komogorov 尺度取值范围为 6×10^{-5} m$\sim10^{-2}$ m。

需要注意的是，当海洋湍流的小尺度漩涡小于 Komogorov 尺度最小值时，η 不再适用，需要采用 η_B（Batchelor 尺度）来描述这一过程，η_B 表示

形式为

$$\eta_{\mathrm{B}} = \left(\frac{\nu D^2}{\varepsilon}\right)^{1/4} \tag{5-30}$$

Batchelor 尺度取值范围较小，取值范围为 2×10^{-6} m～4×10^{-4} m。

χ_{T} 表示湍流的温度方差耗散率，用来表征温度随机波动对湍流的影响，χ_{T} 的数学表达式为

$$\chi_{\mathrm{T}} = 2K_{\mathrm{T}}\left\langle \left(\frac{\partial T'}{\partial x}\right)^2 + \left(\frac{\partial T'}{\partial y}\right)^2 + \left(\frac{\partial T'}{\partial z}\right)^2 \right\rangle \tag{5-31}$$

式中，K_{T} 是指湍流温度扩散系数，$T' = T - T_0$ 表示实测温度和平均温度 T_0 的差值，用来表示温度的变化情况。若海洋湍流满足各向同性条件，各方向温度梯度一致（湍流均匀分布），则对上式进行简化可得

$$\chi_{\mathrm{T}} = 6K_{\mathrm{T}}\left\langle \left(\frac{\partial T'}{\partial z}\right)^2 \right\rangle \tag{5-32}$$

在海水表面，温度方差耗散率 χ_{T} 取值可达 10^{-4} K^{2}s^{-1}，处于深海区域时，χ_{T} 最小值可取 10^{-10} K^{2}s^{-1}。当温度方差耗散率取值较大时，表明在浅层海水水域，此时海洋湍流表现出较强的湍流效应。

ω 为温度与盐度导致海洋湍流的比值，用来作为表征温度和盐度对湍流影响相对大小的平衡参数，ω 的数学公式为

$$\omega = \alpha\left(\frac{\mathrm{d}T_0}{\mathrm{d}z}\right)\bigg/\beta\left(\frac{\mathrm{d}S_0}{\mathrm{d}z}\right) \tag{5-33}$$

式中，α 和 β 分别表示温度和盐度的系数扩展。温度与盐度起伏平衡参数 ω 的取值范围为 $-5\sim0$，当 $\omega = -5$ 时表示温度为海洋湍流的主导因素，当 $\omega = 0$ 时代表海洋湍流完全由盐度起伏主导。

5.2.2　随机相位屏模拟海洋湍流

与构建大气湍流相位屏方式类似，将公式（5-24）表示的海洋湍流折射率起伏空间功率谱代入公式（5-18）中，得到海洋湍流的相位频谱，按照获取大气湍流随机相位屏分布函数的步骤，最终可以得到海洋湍流的相位屏。对海洋湍流相位屏仿真模拟参数设置为：相位屏沿 x 和 y 方向网格

数 $N=1024$，温度方差耗散率 $\chi_T=10^{-8}\ \mathrm{K^2 s^{-1}}$，动能耗散率 $\varepsilon=10^{-7}\ \mathrm{m^2 s^{-3}}$，温度与盐度比值平衡参数 $\omega=-2$，Kolmogorov 微尺度 $\eta=1\ \mathrm{mm}$。得到如图 5.6 所示的海洋湍流相位屏。

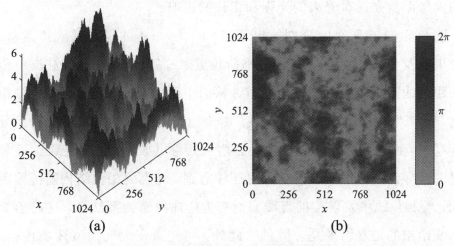

图 5.6　海洋湍流相位屏模拟结果

（a）海洋湍流相位屏三维图；（b）海洋湍流相位屏二维平面图

以上内容分别针对大气湍流和海洋湍流折射率功率谱模型进行了介绍分析，并采用功率谱反演法和快速傅里叶变换模拟了湍流的随机相位屏。光束在湍流中传输时，受到湍流效应的干扰，导致光束传输质量下降，在光通信中严重影响了通信系统的性能，接下来结合产生的湍流相位屏，采用多相位屏传输的方法分别重点分析大气湍流和海洋湍流对光束传输过程中光强和相位的影响，并开展相关的实验研究。

5.3　湍流环境对涡旋光光强和相位分布的影响

5.3.1　多相位屏模拟光场在湍流环境传输

1. 大气湍流

采用多相位屏的方法对光束在湍流中传输过程进行模拟，在大气湍流环境中设置仿真参数为：相位屏沿着 x 和 y 方向网格数 $N=1024$，入射光

束波长 $\lambda = 632.8$ nm，束腰半径 $\omega_0 = 50$ mm，湍流折射率结构常数 $C_n^2 = 5 \times 10^{-15}$ m$^{-2/3}$，传输距离 $z = 1000$ m，湍流相位屏个数设为 20 个，入射拉盖尔-高斯光束的径向系数和拓扑荷分别为 $p = 0$，$l = +4$。下面讨论不同的大气湍流强度对光束的光强和相位的影响。

图 5.7(a) 与 5.7(b) 分别给出了 $p = 0$，$l = +4$ 的径向低阶拉盖尔-高斯光束以及 $p = 2$，$l = +4$ 的径向高阶拉盖尔-高斯光束在大气湍流中传输不同距离的归一化光强和相位分布。从图中可以看出，随着光束传输距离越远，光斑发生展宽现象愈加明显，由于湍流的影响，光斑亮环发生分裂破碎现象，而且破碎程度随传输距离增大变得更加剧烈，而光斑弥散和破裂进一步导致光强发生衰减。同时还注意到，光束的相位结构随传输距离增加，等相位线由发射端的直线型衍变为弯曲的螺旋型结构，这与第 2 章图 2.9 给出的仿真结果是一致的。此外，当光束在大气湍流环境传输时，由于湍流效应的影响，光束的相位发生畸变，导致相位中心位置分布变得越来越模糊不清，且随着传输距离增大，相位畸变现象愈加明显。

通过比较图 5.7(a) 与 5.7(b) 发现，径向高阶拉盖尔-高斯光束在相同传输距离条件下，受湍流影响更严重，尤其当光束远距离传输时，径向高阶拉盖尔-高斯光束空心的光环结构遭到严重破坏，已经有明显的亮斑出

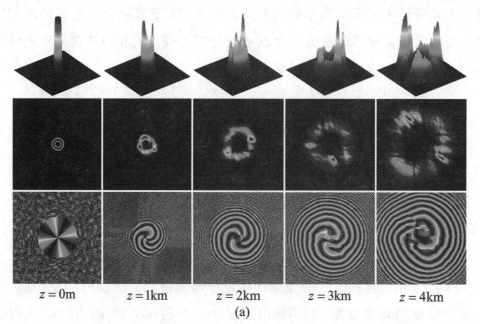

$z = 0$m　　$z = 1$km　　$z = 2$km　　$z = 3$km　　$z = 4$km

(a)

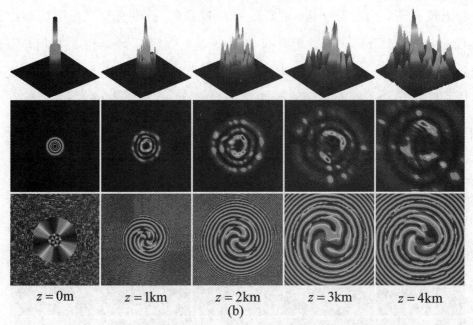

$z = 0m$　　$z = 1km$　　$z = 2km$　　$z = 3km$　　$z = 4km$

(b)

图 5.7　大气湍流环境不同传输距离拉盖尔-高斯光束光强和相位分布仿真结果

(a) 径向低阶拉盖尔-高斯光束；(b) 径向高阶拉盖尔-高斯光束

现，这说明光束不再能很好地保持发射端光源的相位奇异特性，事实上随着传输距离的不断增大，拉盖尔-高斯光束在大气湍流中传输后会逐渐退化为高斯光束。

为讨论不同湍流强度对拉盖尔-高斯光束传输的影响，分别针对弱湍流、中等强度湍流以及强湍流进行了仿真模拟，得到如图 5.8 所示的结果。由图可知，在 $C_n^2 = 5 \times 10^{-17}$ $m^{-2/3}$ 的弱湍流环境，光束光强和相位受湍流影响较弱，接收到的光束基本上保持发射端光斑形态，光传输系统性能状态较好；当大气湍流折射率结构常数取值为 $C_n^2 = 5 \times 10^{-16}$ $m^{-2/3}$，$C_n^2 = 5 \times 10^{-15}$ $m^{-2/3}$，$C_n^2 = 5 \times 10^{-14}$ $m^{-2/3}$ 时，即湍流处于中等强度情形，随着湍流强度增大，光斑分裂破碎现象变得越来越明显，相位畸变逐渐恶化；当 $C_n^2 = 5 \times 10^{-13}$ $m^{-2/3}$ 时，光束在强湍流环境传输后，捕获到的光束中心出现明显的亮斑，完全失去了初始光斑环状形态，此时光束的相位结构也已经无法辨识。比较图 5.8(a) 和图 5.8(b) 发现，对于径向低阶拉盖尔-高斯光束在湍流强度为 $C_n^2 = 5 \times 10^{-14}$ $m^{-2/3}$ 的环境中传输，接收到的光斑大致还保留着空心结构，在湍流强度为 $C_n^2 = 5 \times 10^{-13}$ $m^{-2/3}$ 时接收光束中心出现亮斑，而对于 $p \neq 0$ 的径向高阶拉盖尔-高斯光束，在湍流强度取值 $C_n^2 = 5 \times 10^{-14}$ m$^{-2/3}$ 时，光束横截面中心光强已开始取得非零值，因此径向低阶拉盖尔-高斯光束具有更强的抗大气湍流能力。所以，在无线光通信实际应用中，选取径向系数较小的拉盖尔-高斯光束更有利于通信。

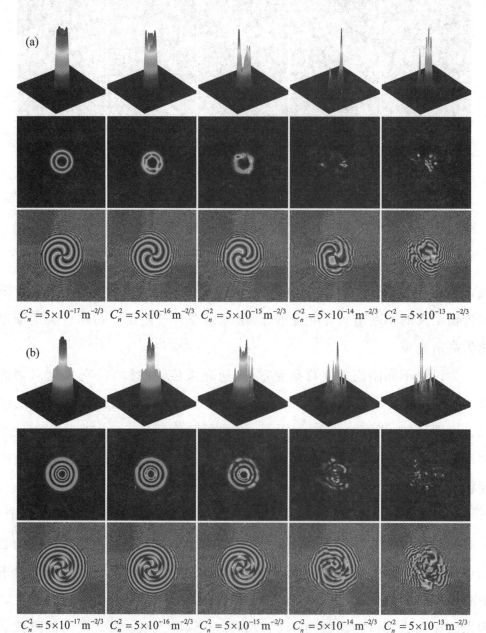

图 5.8　大气湍流强度对拉盖尔-高斯光束光强和相位分布影响仿真结果

（a）径向低阶拉盖尔-高斯光束；（b）径向高阶拉盖尔-高斯光束

2. 海洋湍流

由海洋湍流折射率结构起伏空间功率谱表达式可知，海洋湍流的强度主要由参数 χ_T、ε 和 ω 取值情况决定，因此采用控制变量法依次讨论这几个参数对光传输的影响。同样运用多相位屏法对光束在海洋湍流中传输进行模拟仿真分析，仿真参数设置为：$z = 50$ m，海洋湍流参数 $\chi_T = 10^{-8}$ $K^2 s^{-1}$，$\varepsilon = 10^{-6}$ $m^2 s^{-3}$，$\omega = -3$，$\eta = 1$ mm，其他仿真参数与讨论大气湍流对光束传输影响设置相同。

图 5.9 给出了海洋湍流温度方差耗散率取不同值时，接收到的拉盖尔-高斯光束传输光强和相位分布。从图中可以观察到，光束在海洋湍流中仅仅传输 50 m 光强和相位分布就会受到 χ_T 数值变化的显著影响，说明了与大气湍流相比，海洋湍流对光束传输会产生更强的干扰。当湍流的温度方差耗散率数值越接近 10^{-10} $K^2 s^{-1}$ 光束受湍流影响越小，而越靠近 10^{-4} $K^2 s^{-1}$ 光强和相位受湍流影响越大，这是 χ_T 取值越大越靠近海水表面的湍流活跃区域，在深海区湍流相对较弱。此外，还注意到随着 χ_T 取

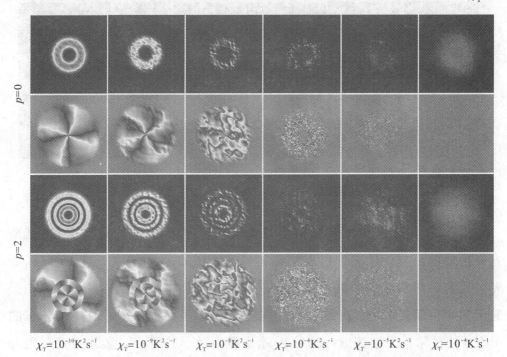

图 5.9　温度方差耗散率对拉盖尔-高斯光束传输光强和相位的影响

值增大，拉盖尔-高斯光束光斑逐渐分裂为不规则形状的散斑，若 χ_T 继续增强光强分布将趋向于高斯分布。

　　图 5.10 显示了拉盖尔-高斯光束通过不同取值动能耗散率 ε 对应的海洋湍流环境后光强和相位的分布。由图可以明显看出，同等条件下，ε 取值越大，在接收端观察到的拉盖尔-高斯光束质量越好，反之，光斑变形越来越厉害。当 $\varepsilon \to 10^{-10}$ m^{2}s^{-3} 时，光束的相位结构变得模糊不清，螺旋状的相位结构湮没在杂乱无章的相位分布中不可辨识，接收端即使捕获到发射过来的光束也很难再对源光场的相位形貌进行复原。

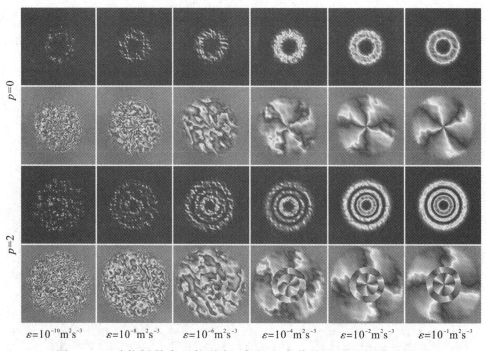

图 5.10　动能耗散率对拉盖尔-高斯光束传输光强和相位的影响

　　图 5.11 给出了海洋湍流温度与盐度起伏平衡参数 ω 对拉盖尔-高斯光束传输的影响。从图中可以清晰地看到，随着 ω 的增大，拉盖尔-高斯光束受到海洋湍流的影响越来越厉害，当 $\omega \to 0$ 时，光斑发生严重的光强起伏和相位畸变，光斑内部散斑光强逐渐变得密集，整体呈现高斯分布的形态，相位结构受湍流效应影响破碎分裂为微小的斑点，弥散在无规则分布的相位中。结果表明，当 $\omega \to -5$ 也就是海洋湍流由温度主导时，对光束传播影响较小，但是当光束在由盐度波动主导的海洋湍流（$\omega \to 0$）传输

时，将遭受严重的湍流效应，导致光传播性能急剧下降。

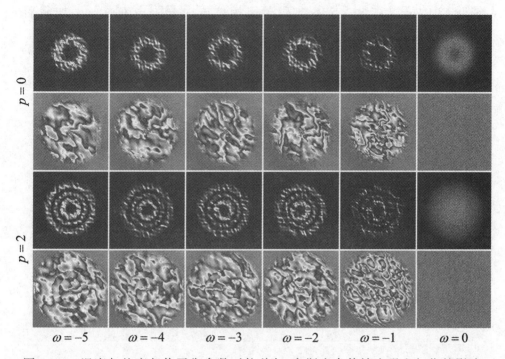

图 5.11　温度与盐度起伏平衡参数对拉盖尔-高斯光束传输光强和相位的影响

综合分析以上海洋湍流参数对拉盖尔-高斯光束传输光强和相位的影响，反映出：温度方差耗散率 χ_T、温度与盐度波动平衡参数 ω 在参数取值范围内数值越小，以及动能耗散率 ε 取值越大的海洋湍流表现出的湍流强度越小，光束在海洋湍流环境中的传输性能也越稳定。

5.3.2　半实验方法研究光场在湍流环境中的传输

为了从实验上观察拉盖尔-高斯光束受大气湍流或海洋湍流的影响，搭建如图 5.12 所示的实验光路。其中，第一个空间光调制器 SLM1 用来产生涡旋光，第二个空间光调制器 SLM2 加载计算得到的湍流相位屏。当第二个空间光调制器不加载任何图像时，分别向 SLM1 加载 $p=0$，$l=+4$ 和 $p=2$，$l=+4$ 模态的全息图，产生径向低阶和径向高阶拉盖尔-高斯光束，如图 5.13 第一列所示。当 SLM1 加载拉盖尔-高斯光束某种模态对应的全息图后，再依次向 SLM2 加载计算得到的不同大气湍流强度对应的相位屏，拍摄到光束受湍流影响后的光强二维分布如图 5.13 所示。从图 5.13 中可以看出，与不加载湍流相位屏时光强分布相比，加载后光斑发生明显的光强起伏现象。

图 5.12　半实验方法讨论湍流对光束影响的实验装置图

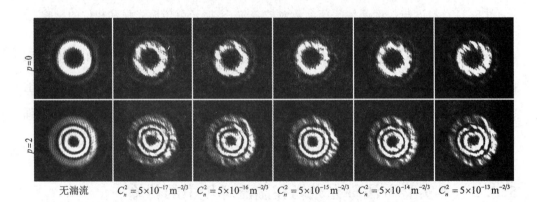

图 5.13　不同大气湍流强度对拉盖尔-高斯光束光强分布影响实验结果

向 SLM2 加载海洋湍流不同参数取值得到的相位屏，观察到如图 5.14～图 5.16 所示的光强分布图形。由图可知，光束受海洋湍流的影响，光斑发生随机分裂，发射端平滑的亮环结构遭到破坏，光束亮环光强变弱，暗中空区域变模糊。比较加载大气湍流相位屏和海洋湍流相位屏得到的光斑可以明显看出，当加载海洋湍流相位屏时，光强畸变程度更大，表明海洋湍流对光束传输影响更大。

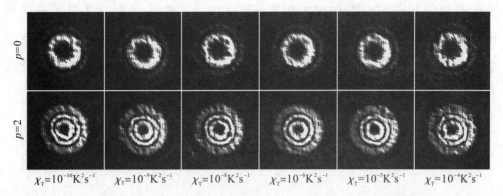

图 5.14　海洋湍流温度方差耗散率对拉盖尔-高斯光束光强分布影响实验结果

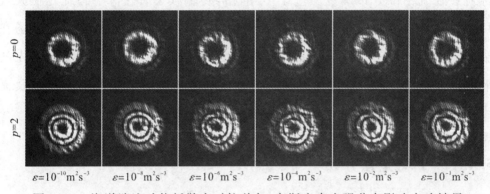

图 5.15　海洋湍流动能耗散率对拉盖尔-高斯光束光强分布影响实验结果

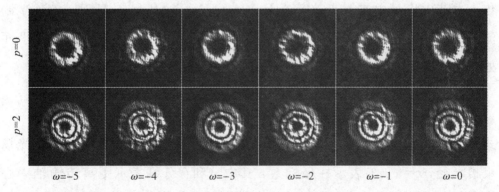

图 5.16　海洋湍流温度与盐度平衡参数对拉盖尔-高斯光束光强分布影响实验结果

　　采用半实验方法接收到的受湍流影响后的光强分布没有出现仿真结果中衍化为高斯光束的现象；在同等条件下改变湍流某个参数取值大小，尽管接收到的光强分布与未受湍流干扰的光斑形态有较大区别，但是受湍流影响后的光斑没有很明显的衍变，这是因为实验中光束只经过了一个相位屏，很难达到真实光传输环境状态，且加载的相位屏空间相位分布是固定不变的，而实际中湍流的空间相位是每时每刻都在随机变化的，因此实验结果和仿真结果以及真实湍流光传输存在一定的差距。

5.4 光场在湍流环境中的传输特性

前面根据湍流功率谱模型，运用功率谱反演法，借助傅里叶变换运算得到了湍流相位分布函数。基于多相位屏传输模型，分析了涡旋光在大气和海洋湍流中传输光强和相位受到的影响。为更进一步深入了解光场在湍流环境中的传输特性，在本节构建光传输模型，对湍流环境中涡旋光的平均光强衍化特性、轨道角动量概率密度、轨道角动量螺旋谱分布以及无线光通信系统平均信道容量特性进行定量分析研究。

5.4.1 平均光强分布

光束通过海洋湍流后，首先面临的问题就是光强衰减及光场模态的衍化。本节中将对中空高斯光束（Hollow Gaussian Beam，HGB）在海洋湍流中的轴向平均光强分布特性进行详细的探讨。中空高斯光束在源平面处光场分布表达式为

$$E_l(\boldsymbol{r},0) = G_0 \left(\frac{\boldsymbol{r}}{\omega_0}\right)^{2l} \exp\left(-\frac{\boldsymbol{r}^2}{\omega_0^2}\right), \quad l=0,1,2,\cdots \qquad (5-34)$$

式中，l 为中空高斯光束的阶数，G_0 表示光场归一化幅值系数，ω_0 是光场束腰半径，$\boldsymbol{r}=(r,\theta)$ 表示柱坐标系，其中 r 和 θ 分别表示距离传输轴中心的距离及方位角。根据公式（5-34）绘制了不同阶数取值中空高斯光束的光强三维图，如图 5.17 所示。从光强的分布形态可以看出，当光场阶数 $l=0$ 时，中空高斯光束退化为基模高斯光束；当光场阶数取非零数值时，光强模态为暗中空结构，且随阶数的增大，光强暗中空区域的半径逐渐增大。

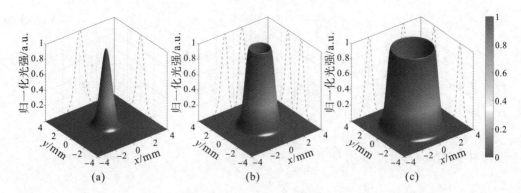

图 5.17　源平面处中空高斯光束归一化光强分布

(a) $l=0$；(b) $l=1$；(c) $l=4$

根据广义惠更斯-菲涅尔积分原理，中空高斯光束从源平面传输到距离为 z 处的光场复振幅表达式为

$$E_l(\boldsymbol{r'},z,\xi)=-\frac{\mathrm{i}k}{2\pi z}\int_{-\infty}^{+\infty}\int_{-\infty}^{+\infty}E_l(\boldsymbol{r},0)\exp\left[\frac{\mathrm{i}k}{2z}(\boldsymbol{r}-\boldsymbol{r'})^2+\psi(\boldsymbol{r},\boldsymbol{r'})-\mathrm{i}\xi\right]\mathrm{d}\boldsymbol{r}$$

$$(5-35)$$

式中，$\boldsymbol{r'}$ 代表接收平面的位置矢量，$\psi(\boldsymbol{r},\boldsymbol{r'})$ 表示由于海洋湍流引起的球面波从源平面传输到接收平面的相位随机扰动，ξ 代表角频率。

由公式(5-35)可以得到在接收平面上，中空高斯光束的平均光强表达式为

$$\langle I(\boldsymbol{r'},z)\rangle=\langle E_l(\boldsymbol{r'},z,\xi)\cdot E_l^*(\boldsymbol{r'},z,\xi)\rangle \qquad (5-36)$$

将公式(5-35)代入公式(5-36)中，得到表达式为

$$\langle I(\boldsymbol{r'},z)\rangle=\frac{k^2}{4\pi^2 z^2}\int_{-\infty}^{+\infty}\int_{-\infty}^{+\infty}\int_{-\infty}^{+\infty}\int_{-\infty}^{+\infty}E_l(\boldsymbol{r},0)E_l^*(\boldsymbol{r},0)\times$$

$$\exp\left\{\frac{\mathrm{i}k}{2z}\left[(\boldsymbol{r}_1-\boldsymbol{r'})^2-(\boldsymbol{r}_2-\boldsymbol{r'})^2\right]\right\}\cdot$$

$$\langle\exp[\psi(\boldsymbol{r}_1,\boldsymbol{r'})+\psi^*(\boldsymbol{r}_2,\boldsymbol{r'})]\rangle\mathrm{d}\boldsymbol{r}_1\boldsymbol{r}_2 \qquad (5-37)$$

在海洋湍流环境中，上式系综平均项可表示为

$$\langle\exp[\psi(\boldsymbol{r}_1,\boldsymbol{r'})+\psi^*(\boldsymbol{r}_2,\boldsymbol{r'})]\rangle$$

$$=\exp\left\{-\frac{1}{\rho_0^2}\left[(\boldsymbol{r}_1-\boldsymbol{r}_2)^2+(\boldsymbol{r}_1-\boldsymbol{r}_2)(\boldsymbol{r'}_1-\boldsymbol{r'}_2)+(\boldsymbol{r'}_1-\boldsymbol{r'}_2)^2\right]\right\} \qquad (5-38)$$

$$\rho_0 = \left[\frac{1}{3}\pi^2 k^2 z \int_0^\infty \kappa^3 \Phi_n(\kappa)\mathrm{d}\kappa\right]^{-1/2} \tag{5-39}$$

公式(5-38)和(5-39)中，r_1 和 r_2 表示源平面的位矢，r_1' 和 r_2' 表示接收平面的位矢，ρ_0 是球面波在海洋湍流中传输的相干长度。当 $r_1' = r_2'$ 时，公式(5-38)可以简化为

$$\langle\exp[\psi(\boldsymbol{r}_1,\boldsymbol{r}')+\psi^*(\boldsymbol{r}_2,\boldsymbol{r}')]\rangle=\exp\left\{-\frac{1}{\rho_0^2}[r_1^2+r_2^2-2r_1r_2\cos(\phi_1-\phi_2)]\right\}$$

$$\tag{5-40}$$

假设海洋湍流是各向同性且均匀分布的，则对应的折射率起伏功率谱模型为[14]

$$\Phi_n(\kappa)=0.388\times10^{-8}\varepsilon^{-1/3}\kappa^{-11/3}[1+2.35(\kappa\eta)^{2/3}]f(\kappa,\omega,\chi_{\mathrm{T}}) \tag{5-41}$$

将公式(5-34)和(5-40)代入公式(5-37)中，得到中空高斯光束在海洋湍流中传输的平均光强为

$$\langle I(\boldsymbol{r}',z)\rangle = G'_0 \int_{-\infty}^\infty\int_{-\infty}^\infty\int_{-\infty}^\infty\int_{-\infty}^\infty (r_1r_2)^{2l}\exp(-\alpha r_1^2)\times$$

$$\exp(-\alpha^* r_2^2)\exp\left[\frac{2r_1r_2}{\rho_0^2}\cos(\phi_1-\phi_2)\right] \tag{5-42}$$

式中，$G'_0 = \lambda^2 G_0^2/(z^2\omega_0^{4l})$，$\alpha=\omega_0^{-2}+\rho_0^{-2}-ik/(2z)$。令 $r'=0$，可得光束轴向平均光强表达式为

$$\langle I(0,z)\rangle = G'_0\int_0^{2\pi}\int_0^{2\pi}\exp\left[\frac{2r_1r_2}{\rho_0^2}\cos(\phi_1-\phi_2)\right]\mathrm{d}\phi_1\mathrm{d}\phi_2\int_0^\infty\int_0^\infty (r_1r_2)^{2l}\times$$

$$\exp(-\alpha r_1^2)\exp(-\alpha^* r_2^2)r_1r_2\mathrm{d}r_1\mathrm{d}r_2 \tag{5-43}$$

根据以下积分公式

$$\int_0^{2\pi}\exp[x\cos(\phi_1-\phi_2)]\mathrm{d}\phi_2 = 2\pi J_0(\mathrm{i}x) \tag{5-44}$$

$$\int_0^\infty x^\mu\exp(-\tau x^2)J_\nu(\beta x)\mathrm{d}x = {}_1F_1\left[\frac{1}{2}(\nu+\mu+1);\nu+1;\frac{\beta^2}{4\tau}\right]\times$$

$$\frac{\beta^\nu\Gamma\left(\frac{1}{2}\nu+\frac{1}{2}\mu+\frac{1}{2}\right)}{\left[2^{\nu+1}\tau^{\frac{1}{2}(\nu+\mu+1)}\Gamma(\nu+1)\right]} \tag{5-45}$$

$$\int_0^\infty x^{\delta'-1} \exp(-\mu' x)\,{}_m F_n(\alpha_1, \alpha_2, \cdots, \alpha_m; \beta'_1, \beta'_2, \cdots, \beta'_n; \lambda x)\,\mathrm{d}x$$

$$= \Gamma(\delta') \mu'^{-\delta'}{}_{m+1} F_n(\alpha_1, \alpha_2, \cdots, \alpha_m; \delta'; \beta'_1, \beta'_2, \cdots, \beta'_n; \lambda/\mu') \quad (5-46)$$

最终得到中空高斯光束在海洋湍流中的轴向平均光强表达式为

$$\langle I(0,z) \rangle = G'_0 |\alpha|^{-2(l+1)} [\Gamma(l+1)]^2 {}_2 F_1(l+1; l+1; 1; \alpha^{-2}\rho_0^{-4})$$

$$(5-47)$$

　　根据推导得到的轴向平均光强表达式，可以看出光强分布由湍流强度、光束参数和链路长度共同决定。接下来，对光强衍化特性进行模拟研究，仿真参数设置如表 5.1 所示。

表 5.1　仿真模拟参数设置

参　量	参量取值范围	默认数值
波长取值范围 λ/nm	$417 \sim 633$	532
海水温度方差耗散率 χ_T/(K^2/s)	$10^{-9} \sim 10^{-6}$	10^{-8}
海水湍流动能耗散率 ε/(m^2/s^3)	$10^{-9} \sim 10^{-6}$	10^{-7}
温度与盐度占比 ω	$-4 \sim 0$	-2.0
束腰半径 ω_0/m	0.02	

　　图 5.18 给出了在海洋湍流中传输到不同位置、不同阶数取值的中空高斯光束轴向平均光强随海水温度方差耗散率的分布情况。从图 5.18(a)可以观察到，当光束阶数 $l=0$，也即基模高斯光束在海洋湍流中传输时，轴向光强在源平面位置处取得最大值，随着传输距离的增大，平均光强逐渐减小直到降为零值，这表明了高斯光束在传播过程中受湍流的影响光强一直在发生衰减。由图 5.18(b)和图 5.18(c)可以看出，平均光强曲线在传输的前几百米的空间表现为中空结构，直到光强在某个传输距离位置处达到最大值。这种现象反映了在发射机和接收机之间存在某个特殊的位置，当光场阶数 $l \neq 0$ 的中空高斯光束在湍流中传输时，光束光强在某个位置达到峰值，如果将接收机放置到该位置则可以更好的捕捉到传输过来的光信号。因此，中空高斯光束的抗湍流能力比基模高斯光束更强。

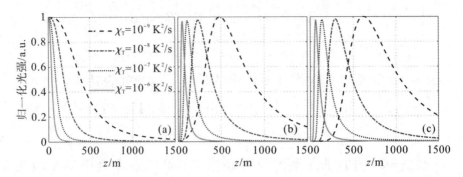

图 5.18　海水温度方差耗散率对中空高斯光束轴向平均光强的影响

(a) $l=0$；(b) $l=1$；(c) $l=2$

　　图 5.19 描述了海水在不同温度与盐度比值情况下，不同光场阶数的中空高斯光束轴向平均光强分布曲线。从图中光强曲线的变化趋势可以看到，随着海水温度与盐度比值减小，光强峰值向远离纵轴的方向移动，光强曲线的宽度也逐渐展宽。与同等参数条件下的高斯光束相比，中空高斯光束的平均光强衰减趋势更加缓慢。对于中空高斯光束，平均光强的峰值不随海水温度与盐度比值大小的改变发生明显变化。同时，海水温度与盐度比值越小，光束的平均光强下降越缓。因此，与温度起伏相比，盐度起伏是海洋湍流的主要影响因素。

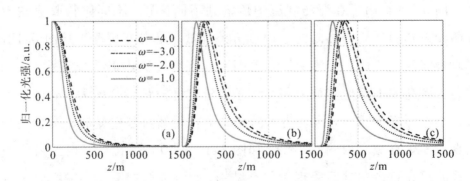

图 5.19　海水温度与盐度比值对中空高斯光束轴向平均光强的影响

(a) $l=0$；(b) $l=1$；(c) $l=2$

　　图 5.20 绘制了海水湍流动能耗散率取不同数值时，中空高斯光束的轴向光强分布曲线。显而易见，光束传播的距离越远，光强受湍流效应影响越严重。与图 5.19 描述的光强变化趋势相类似，增大海水湍流动能耗

散率，光束平均光强曲线向远离 y 轴的方向移动，同时不同 ε 取值转态光强曲线的峰值大小基本保持不变。从图 5.20 中分析得知，海洋湍流动能耗散率越大，光束受海洋湍流的影响越小。

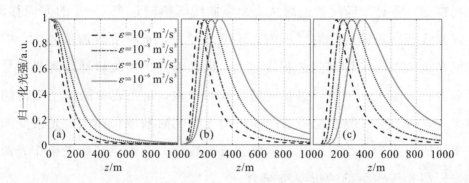

图 5.20 海水湍流动能耗散率对中空高斯光束轴向平均光强的影响

（a）$l=0$；（b）$l=1$；（c）$l=2$

图 5.21 展示了在海洋湍流中，光场阶数为 $l=1, l=2, l=3$ 的中空高斯光束随传输距离 z 的轴向平均光强衍化过程。由图可知，随着光场阶数的减小，光强曲线迅速下降，并且曲线峰值急剧减小。究其原因，是因为阶数较大的中空高斯光束具有较弱的由于衰减和折射率起伏引起的光强闪烁效应。此外，随着 χ_T 数值增大，光束有效传输距离变短，与图 5.18 所描述的光束光强曲线受 χ_T 影响的变化形式相吻合，进一步验证了数值计算结果的正确性。

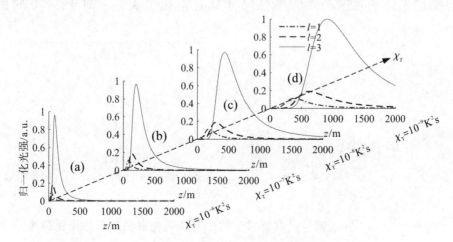

图 5.21 不同光场阶数的中空高斯光束轴向平均光强衍化

图 5.22 反映了海洋湍流参数 χ_T 取不同数值，对中空高斯光束轴向平均光强的影响情况。图中，海水温度方差耗散率 χ_T 的变化范围为 $10^{-9}\ \mathrm{K^2/s} \sim 10^{-6}\ \mathrm{K^2/s}$，其他仿真参数与上图保持一致。从图中可以明显地观察到，随着光场阶数的增大，光强曲线峰值向远离 $z=0$ 的方向移动，光强曲线宽度也相应展宽。同时，还可以发现，光场阶数取值越大，中空高斯光束的轴向平均光强的强度越大，意味着被光接收机捕获到光信号的概率也相应增大。另外，随着光场阶数的增大，光强衰减的速度变得越来越缓。显然，这些现象说明了中空高斯光束的阶数取值越大，光束受海洋湍流效应的影响越小。因此，选取光场阶数较大的中空高斯光束作光源有利于提高光传输系统的抗湍流能力。

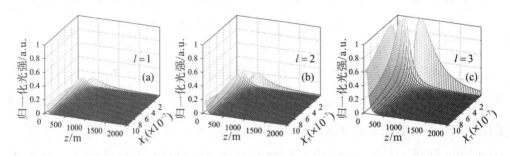

图 5.22　中空高斯光束受不同海洋湍流强度影响轴向平均光强三维分布情况

图 5.23 展示了光束束腰半径取不同数值时，中空高斯光束传输到空间不同位置对应的轴向平均光强。当光场阶数 $l=0$ 时，基模高斯光束的轴向平均光强的强度与束腰半径尺寸具有正相关关系；对于 $l \neq 0$ 时的中

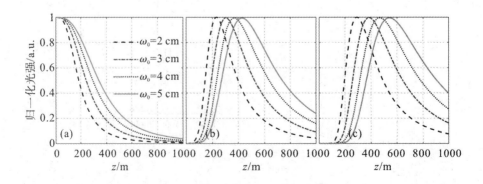

图 5.23　不同束腰半径取值对应的中空高斯光束轴向平均光强曲线

（a）$l=0$；（b）$l=1$；（c）$l=2$

空高斯光束，随着光束束腰半径的增大，光场平均光强峰值向空间更远的
位置移动，且光强曲线发生展宽。在光通信系统接收端，由于具有较小束
腰半径的光源会发生更强烈的衍射和光束扩展，因此选择束腰半径较大的
光源有利于提高传输系统性能。

图 5.24 描述了选取不同波长的光源在海洋湍流中传输时，随传播距
离变化得到的归一化平均光强分布。从图中可以看出，对于基模高斯光束
的情况，波长的选取基本不影响光束在不同传播位置处的平均光强分布。
但波长的选取对于中空高斯光束则具有不同的结果，随着光源波长的增
大，光束平均光强最大值增大，光强分布曲线向靠近光束发射端的位置移
动。此外，还可以观察到光束平均光强遵循先逐渐增大，直到传播到某一
位置平均光强达到最大值，然后随着传播距离的增大不同波长光束对应的
光强曲线逐渐重合到一起的变化趋势。因此，选取较大波长的激光作为光
源可以获得更高的传输效率。

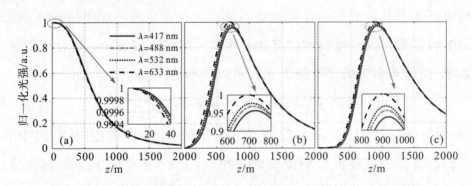

图 5.24　不同波长的中空高斯光束轴向平均光强分布曲线

(a) $l=0$；(b) $l=1$；(c) $l=2$

5.4.2　轨道角动量概率密度分布特性

根据光学近似原理，建立了部分相干拉盖尔-高斯光束在海洋湍流中的
传输模型，推导了光束传输后的模式概率密度（Mode Probability Density，
MPD）和串扰概率密度（Crosstalk Probability Density，CPD）函数。借助得
到的数学表达式，定量分析了光束在湍流中传播时，湍流强度和光束自身

参数取值的影响。

光束在海洋湍流环境中传输，由于湍流折射率起伏变化，产生的光强闪烁、光束扩展、相位起伏将导致光通信系统可传输容量减小、光束能量损失及信道串扰。如图 5.25 所示，描述了拉盖尔-高斯光束在海洋湍流中的传输模型。

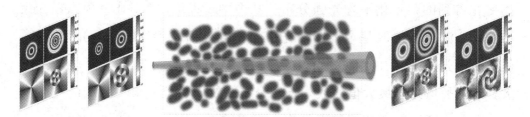

图 5.25　拉盖尔-高斯光束在海洋湍流中的传输模型

无湍流情况下，在自由空间任意位置，部分相干光束的归一化相干函数与源平面处保持一致。同时，由湍流效应导致的光强起伏或光强闪烁在弱湍流环境下是足够小的且可忽略不计。光束在湍流环境中传输时，湍流的影响可以看作是一种纯相位起伏。因此，在海洋湍流中，部分相干标准拉盖尔-高斯光束光场复振幅表达式可以表示为

$$E(r,\theta,\zeta)=u_{m_0}^{n_0}(r,\theta,\zeta)\exp[\psi(r,\theta,\zeta)+\mathrm{i}\psi_\mathrm{s}(r,\theta)] \qquad (5-48)$$

式中，$u_{m_0}^{n_0}(r,\varphi,\zeta)$ 表示标准拉盖尔-高斯光束在自由空间中的电场，$\psi(r,\varphi,\zeta)$ 是球面波在海洋湍流中的复相位，$\psi_\mathrm{s}(r,\varphi)$ 是由相位扩散造成的随机相位起伏。在海洋湍流环境中，部分相干标准拉盖尔-高斯光束的二阶交叉谱密度可以写为

$$W(r,r',\theta,\theta',\zeta)=\langle E(r,\theta,\zeta)E^*(r',\theta',\zeta)\rangle_\mathrm{s,oe} \qquad (5-49)$$

式中，$\langle\cdot\rangle_\mathrm{s,oe}$ 代表光源和湍流的系综平均。将公式(5-48)代入公式(5-49)中，得到二阶交叉谱密度函数表达式为

$$\begin{aligned}W(r,r',\theta,\theta',\zeta)=&u_{m_0}^{n_0}(r,\theta,\zeta)u_{m_0}^{n_0\,*}(r',\theta',\zeta)\langle\exp[\psi(r,\theta,\zeta)+\\&\psi^*(r,'\theta',\zeta)]\rangle_\mathrm{oe}\times\langle\exp[\mathrm{i}\psi_\mathrm{s}(r,\theta)-\mathrm{i}\psi_\mathrm{s}^*(r,'\theta')]\rangle_\mathrm{s}\end{aligned}$$

$$(5-50)$$

式中，最后一项表示部分相干光源的归一化相干函数，可表示为传统高斯

形式[16]，即

$$\langle \exp[i\psi_s(r,\theta) - i\psi_s^*(r,'\theta')]\rangle_s = \exp\left\{-\frac{1}{\rho_s^2}[r^2 + r'^2 - 2rr'\cos(\theta-\theta')]\right\}$$

$$(5-51)$$

式中，ρ_s 表示部分相干光源的相干长度，当 ρ_s 取值趋近于无穷大时，公式 (5-50) 将退化为完全相干标准拉盖尔-高斯光束的交叉谱密度。

基于光波结构函数二次近似理论，海洋湍流的系综平均可表示为

$$\langle \exp[\psi(r,\theta,\zeta) + \psi^*(r,'\theta',\zeta)]\rangle_{oe} \approx \exp\left\{-\frac{1}{\rho_0^2}[r^2 + r'^2 - 2rr'\cos(\theta-\theta')]\right\}$$

$$(5-52)$$

联立公式 (5-50)～公式 (5-52)，得到部分相干标准拉盖尔-高斯光束的交叉谱密度函数为

$$W(r,r',\theta,\theta',\zeta) = u_{m_0}^{n_0}(r,\theta,\zeta)u_{m_0}^{n_0*}(r',\theta',\zeta) \times$$

$$\exp\{-\tilde{\rho}_0^{-2}[r^2 + r'^2 - 2rr'\cos(\theta-\theta')]\} \quad (5-53)$$

$$\tilde{\rho}_0^{-2} = \frac{1}{\rho_s^2} + \frac{1}{\rho_0^2} \quad (5-54)$$

采用文献[14]提出的海洋湍流折射率功率谱模型，ρ_0 可以简化为

$$\rho_0 = [1.28\eta^{-1/3}C_n^2 zk^2(6.78 + 47.57\omega^{-2} - 17.67\omega^{-1})]^{-1/2} \quad (5-55)$$

$$C_n^2 = 10^{-8}\chi_T\varepsilon^{-1/3} \quad (5-56)$$

根据角谱理论，$E(r,\theta,\zeta)$ 可以分解为一系列轨道角动量模态的叠加[17,18]，表示为

$$E(r,\theta,\zeta) = \frac{1}{\sqrt{2\pi}}\sum_{n=-\infty}^{n=+\infty}\Omega_n(r,\zeta)\exp(-in\theta) \quad (5-57)$$

式中，$\Omega_n(r,\zeta)$ 是部分相干拉盖尔-高斯光束给定轨道角动量模态 n 的权重因子，具体表示为

$$\Omega_n(r,\zeta) = \frac{1}{\sqrt{2\pi}}\int_0^{2\pi}E_{m_0}^{n_0}(r,\theta,\zeta)\exp(in\theta)d\varphi \quad (5-58)$$

将公式 (5-53) 代入公式 (5-58) 中，并根据下面的积分公式[19]

$$\int_0^{2\pi}\exp[-in\theta + a\cos(\theta-\theta')]d\theta = 2\pi\exp(-in\theta')I_n(a) \quad (5-59)$$

式中，$I_n(\cdot)$ 表示 n 阶第一类修正贝塞尔函数，可以得到在海洋湍流环境中，部分相干拉盖尔-高斯光束的概率密度函数表示为

$$\langle|\Omega_n(r,\theta)|^2\rangle = \frac{1}{2\pi}\int_0^{2\pi}\int_0^{2\pi}W(r,r',\zeta)\exp[-in(\theta-\theta')]d\theta d\theta'$$

$$= \frac{2\pi r^{2n_0}}{\omega^{2(n_0+1)}(\zeta)}\left|L_{m_0}^{n_0}\left[\frac{2r^2}{\omega^2(\zeta)}\right]\right|^2\exp\left[-\frac{2r^2}{\omega^2(\zeta)}-\frac{2r^2}{\tilde{\rho}_0^2}\right]I_{n-n_0}\left(\frac{2r^2}{\tilde{\rho}_0^2}\right)$$

$$(5-60)$$

此外，完美拉盖尔-高斯光束在自由空间中传输的光场表达式定义为

$$\tilde{u}_m^n(r,\theta,\zeta) = \frac{r^n}{\omega^{m+n+1}(\zeta)}L_m^n\left[\frac{2r^2}{\omega_0^2(1+i\zeta)}\right]\exp\left[-\frac{r^2}{\omega_0^2(1+i\zeta)}+ikz-in\theta-i\tilde{\psi}_m^n\right]$$

$$(5-61)$$

经计算，最终得到海洋湍流中部分相干完美拉盖尔-高斯光束的概率密度表达式为

$$\langle|\Omega_n(r,\theta)|^2\rangle = \frac{2\pi r^{2n_0}}{\omega^{2(m_0+n_0+1)}(\zeta)}\left|L_{m_0}^{n_0}\left[\frac{r^2}{\omega_0^2(1+i\zeta)}\right]\right|^2\times$$

$$\exp\left[-\frac{2r^2}{\omega^2(\zeta)}-\frac{2r^2}{\tilde{\rho}_0^2}\right]I_{n-n_0}\left(\frac{2r^2}{\tilde{\rho}_0^2}\right)\qquad(5-62)$$

当 $n=n_0$ 或 $n\neq n_0$ 时，公式(5-60)和公式(5-62)分别称为部分相干拉盖尔-高斯光束的模式概率密度和串扰概率密度。

根据公式(5-62)，讨论光源和湍流参数对部分相干标准拉盖尔-高斯光束和部分相干完美拉盖尔-高斯光束概率密度分布的影响。除非另外声明，仿真参数设置如下：拉盖尔-高斯光束的径向模态数取值 $m_0=1$，角向模态数 $n_0=1$，波长 $\lambda=633$ nm，光束束腰半径 $\omega_0=0.02$ m，在空间中传输距离 $z=30$ m，光源的空间相干长度 $\rho_s=0.2$ m，海洋湍流等效湍流强度 $C_n^2=10^{-15}$ $K^2m^{-2/3}$，湍流温度与盐度的比值 $\omega=-3$。

图 5.26 显示了随径向距离的变化，部分相干标准拉盖尔-高斯光束和部分相干完美拉盖尔-高斯光束的模式概率密度和串扰概率密度分布。从图 5.26(a_1)和 5.26(a_2)可以观察到，随着光束角向模数 n_0 增大，模式概率密度的峰值向远离 y 轴的方向移动，且峰值逐渐变大。图 5.26(b_1)和 5.26(b_2)反映了当轨道角动量模态差值 Δn_0 变小时，光束的串扰概率密度

曲线迅速下降为零，这是由于光束轨道角动量模态间隔越小，发生相邻模态串扰的概率变大的因素。观察图 $5.26(c_1)$ 和 $5.26(c_2)$ 可以看到，随着 m_0 模值的增大，模式概率密度在靠近 $r=0$ 的位置取得最大值。当光束径向模态 $m_0 < 3$ 时，部分相干完美拉盖尔-高斯光束的模式概率密度取值接近于零。模式概率密度和串扰概率密度曲线峰值的数目与光束径向模数有关，即对于部分相干标准拉盖尔-高斯光束和部分相干完美拉盖尔-高斯光束，峰值个数分别为 m_0+1 和 m_0。这些现象表明，当 m_0、n_0 以及 Δn_0 取值较大时，在接收平面可以增加光束的模式概率密度使串扰概率密度降低。

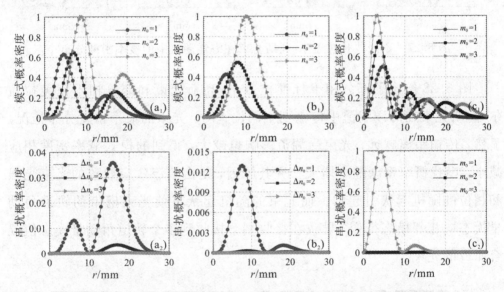

图 5.26　不同模态拉盖尔-高斯光束在海洋湍流中的概率密度分布

图 5.27 是光波波长取不同数值时，部分相干拉盖尔-高斯光束在不同径向位置的模式概率密度和串扰概率密度分布情况。取 400 nm～700 nm 范围内的光波作为光源，图中展示了模式概率分布三维俯视图及其对应的不同波长的概率密度分布曲线图。可以看到，改变入射光束波长不影响概率密度曲线的峰值与横轴组成的区域横向宽度。光波波长的取值对部分相干标准拉盖尔-高斯光束和部分相干完美拉盖尔-高斯光束的模式概率密度分布曲线的影响可以忽略不计。但是，随着波长增大，光束的串扰概率密度将下降。通过比较还发现，部分相干完美拉盖尔-高斯光束的串扰

概率密度要小于部分标准拉盖尔-高斯光束。选择具有较长波长的部分相干拉盖尔-高斯光束作为光源，可以更好地减小海洋湍流对光束的影响。

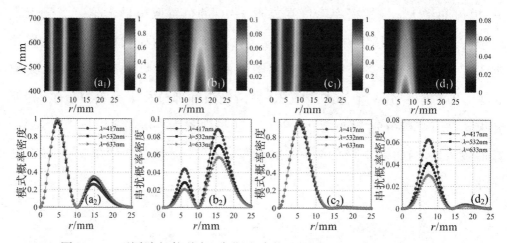

图 5.27 不同波长拉盖尔-高斯光束在海洋湍流中的概率密度分布

图 5.28 给出了部分相干标准拉盖尔-高斯光束和部分相干完美拉盖尔-高斯光束在海洋湍流中传输到不同位置时，光束的概率密度分布情况。显然，传输距离越远，光束受湍流影响也越大，得到的模式概率密度相应减小，串扰概率密度随之增大。究其原因，是由湍流效应导致的光束光强和相位的随机起伏引起的。而光束的随机起伏将使光束携带的轨道角动量模态向相邻模态衍变，导致在接收端会接收到多个轨道角动量模态值混合而成的光束。

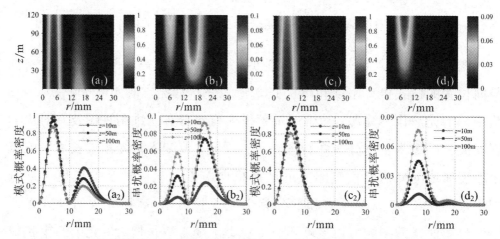

图 5.28 传输到不同位置拉盖尔-高斯光束在海洋湍流中的概率密度分布

　　图 5.29 是采用不同相干长度的部分相干拉盖尔-高斯光束光源在海洋湍流中的概率密度分布情况。从图中可以看出，较大相干长度的光源具有更高的模式概率密度分布数值。与部分相干标准拉盖尔-高斯光束相比，部分相干完美拉盖尔-高斯光束的概率密度曲线下降为零的速度更快，说明光源的相干长度取值对部分相干完美拉盖尔-高斯光束影响较小，且光源的相干长度取值越大，模式概率密度受湍流影响越小。因此，完全相干拉盖尔-高斯光束比部分相干光源表现出更好的抗湍流性能。

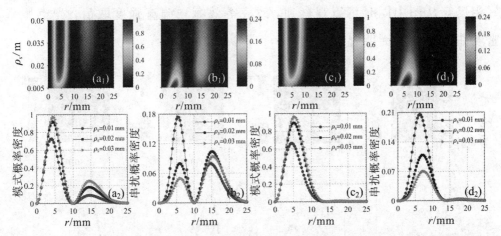

图 5.29　具有不同空间相干长度的拉盖尔-高斯光束在海洋湍流中的概率密度分布

　　图 5.30 是选取不同束腰半径取值的部分相干拉盖尔-高斯光束光源在海洋湍流中的概率密度分布情况。从图中可以看到，随着光源束腰半径

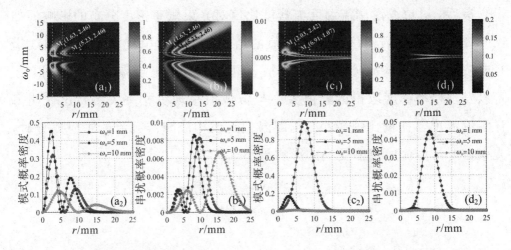

图 5.30　具有不同束腰半径的拉盖尔-高斯光束在海洋湍流中的概率密度分布

取值的增大，光束的概率密度曲线呈现出先逐渐增大，直到达到最大值后再逐渐下降的趋势。概率密度曲线变化情况与熟悉的高斯光束光强分布曲线类似，即呈钟形分布。

图 5.31 展示了海洋湍流等效湍流强度对应的部分相干拉盖尔-高斯光束概率分布曲线。从图中很容易观察到，随着湍流等效强度 C_n^2 的增大，光束模式概率密度曲线向 $r=0$ 的位置平移，模式概率密度的峰值也逐渐变小。很容易理解，光束的串扰概率密度与模式概率密度曲线变化趋势正好相反。从图中同时可以观察到，改变等效海洋湍流强度取值，光束概率密度曲线的线宽无明显变化。

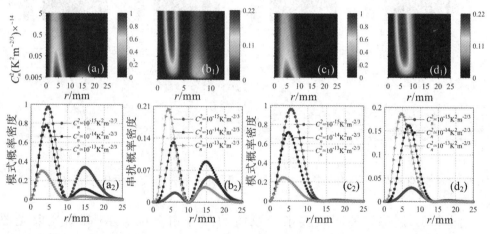

图 5.31　拉盖尔-高斯光束在不同海洋湍流强度条件下得到的概率密度分布

最后，讨论海洋湍流温度与盐度比值对光束概率密度分布的影响。如图 5.32 所示，随着温度与盐度比值的增大，光束的串扰概率密度曲线沿径向按照先逐渐增大到最大值，然后逐渐减小的变化趋势改变。同时，还可以发现概率密度取得的峰值大小与 ω 取值呈现负相关关系。这表明海洋湍流温度与盐度比值越小，也即温度起伏构成海洋湍流的主要成分时，光束在海洋湍流中传输受到的影响越小。

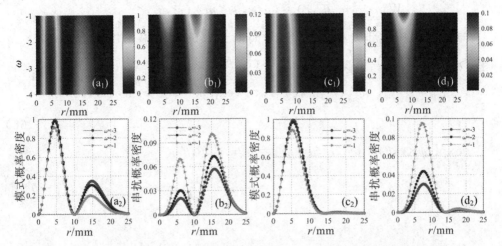

图 5.32　海洋湍流温度与盐度比值对拉盖尔-高斯光束概率密度分布影响

5.4.3　轨道角动量螺旋谱分布

基于海洋湍流折射率功率谱模型和光学近似，构建了部分相干完美拉盖尔-高斯光束在海洋湍流中的传输模型，并求得了光束的螺旋谱分布表达式。通过数值模拟的方法，对部分相干完美拉盖尔-高斯光束的螺旋谱分布特性进行了详细分析。

柱坐标系下，拉盖尔-高斯光束在自由空间中传输的光场分布表达式为

$$E_p^l(r,\theta,\zeta)=\frac{r^l}{\omega^\tau(\zeta)}L_p^l\left(\frac{r^2}{T}\right)\exp\left[-\frac{r^2}{\omega_0^2(1+\mathrm{i}\zeta)}+\mathrm{i}kz-\mathrm{i}l\theta-\mathrm{i}\Psi\right]$$

$$(5-63)$$

根据 Rytov 近似理论，在弱湍流区域，部分相干拉盖尔-高斯光束的光场复振幅表达式可以表示为

$$u(r,\theta,\zeta)=E_{p_0}^{l_0}(r,\theta,\zeta)\exp[\phi_{oe}(r,\theta,\zeta)+\mathrm{i}\psi_s(r,\theta)]\quad(5-64)$$

式中，$\phi_{oe}(r,\theta,\zeta)$ 是海洋湍流引起的相位起伏，$\psi_s(r,\theta)$ 表示由于相位扩散导致的随机相位起伏。$E_{p_0}^{l_0}(r,\theta,\zeta)$ 是拉盖尔-高斯光束在自由空间中传输到距离源平面位置 z 处的光场。

部分相干拉盖尔-高斯光束的二阶交叉谱密度公式为

$$W(r,r',\theta,\theta',\zeta)=\langle u(r,\theta,\zeta)u^*(r',\theta',\zeta)\rangle_{s,oe} \tag{5-65}$$

海洋湍流中，部分相干拉盖尔-高斯光束的交叉谱密度可以表示为

$$W(r,r',\theta,\theta',\zeta)=E_{p_0}^{l_0}(r,\theta,\zeta)E_{p_0}^{l_0*}(r',\theta',\zeta)\langle\exp[\psi_{oe}(r,\theta,\zeta)+$$
$$\psi_{oe}^*(r',\theta',\zeta)]\rangle_{oe}\times\langle\exp[\mathrm{i}\psi_s(r,\theta)+\mathrm{i}\psi_s(r',\theta')]\rangle_s$$

$$\tag{5-66}$$

$$\langle\exp[\mathrm{i}\psi_s(r,\theta)+\mathrm{i}\psi_s(r',\theta')]\rangle_s=\mu(r,r',\theta,\theta')$$
$$=\exp\left\{-\frac{1}{2\rho_s^2}[r^2+r'^2-2rr'\cos(\theta-\theta')]\right\}$$

$$\tag{5-67}$$

基于二次近似，系综平均项可以展开为

$$\langle\exp[\psi_{oe}(\boldsymbol{r},\zeta)+\psi_{oe}^*(\boldsymbol{r}',\zeta)]\rangle_{oe}\cong\exp\left[-\frac{1}{\rho_0^2}(\boldsymbol{r}-\boldsymbol{r}')^2\right]$$
$$=\exp\left\{-\frac{1}{\rho_0^2}[r^2+r'^2-2rr'\cos(\theta-\theta')]\right\}$$

$$\tag{5-68}$$

$$\rho_0=\left[\frac{1}{3}\pi^2k^2z\int_0^\infty\kappa^3\Phi_n(\kappa)\mathrm{d}\kappa\right]^{-1/2} \tag{5-69}$$

联立公式(5-66)～(5-68)，得到部分相干光的交叉谱密度表达式为

$$W(r,r',\theta,\theta',\zeta)=E_{p_0}^{l_0}(r,\theta,\zeta)E_{p_0}^{l_0*}(r',\theta',\zeta)\exp\left[-\frac{r^2+r'^2-2rr'\cos(\theta-\theta')}{\widetilde{\rho}_0^2}\right]$$

$$\tag{5-70}$$

$$\widetilde{\rho}_0^2=\left(\frac{1}{2\rho_s^2}+\frac{1}{\rho_0^2}\right)^{-1} \tag{5-71}$$

为了进一步研究拉盖尔-高斯光束传输后轨道角动量向邻近模态衍变的特性，将光场分解为由一系列不同轨道角动量模态成分的叠加，表示为

$$u(r,\theta,\zeta)=\frac{1}{\sqrt{2\pi}}\sum_{l=-\infty}^{l=+\infty}H_l(r,\zeta)\exp(\mathrm{i}l\theta) \tag{5-72}$$

$$H_l(r,\zeta)=\frac{1}{\sqrt{2\pi}}\int_0^{2\pi}u(r,\theta,\zeta)\exp(-\mathrm{i}l\theta)\mathrm{d}\theta \tag{5-73}$$

可以得到在傍轴信道中，携带轨道角动量模态为 l 的光束的概率密度函数为

$$\langle |H_l(r,\zeta)|^2 \rangle = \frac{1}{2\pi}\int_0^{2\pi}\int_0^{2\pi}\langle u(r,\theta,\zeta)u^*(r',\theta',\zeta)\rangle_{s,\infty}\exp[-\mathrm{i}l(\theta-\theta')]\mathrm{d}\theta\mathrm{d}\theta'$$

$$= \frac{1}{2\pi}\int_0^{2\pi}\int_0^{2\pi}W(r,r',\theta,\theta',\zeta)\exp[-\mathrm{i}l(\theta-\theta')]\mathrm{d}\theta\mathrm{d}\theta' \quad (5-74)$$

将 $\tau = p+l+1$，$T = \omega_0^2(1+\mathrm{i}\zeta)$ 代入上式，经积分计算得到部分相干完美拉盖尔-高斯光束在海洋湍流中传输的模式概率分布表达式为

$$\langle |H_l(r,\zeta)|^2 \rangle = \frac{2\pi r^{2l_0}}{\omega^{2(p_0+l_0+1)}(\zeta)}\left| L_{p_0}^{l_0}\left[\frac{r^2}{\omega_0^2(1+\mathrm{i}\zeta)} \right] \right|^2 \times$$

$$\exp\left[-\frac{2r^2}{\omega^2(\zeta)} \right]\exp\left(-\frac{2r^2}{\tilde\rho_0^2} \right)I_{l-l_0}\left(\frac{2r^2}{\tilde\rho_0^2} \right) \quad (5-75)$$

接收端接收到的轨道角动量模态值 l_0 光束的能量可以通过公式 $(5-76)$ 计算得到，即

$$\Im_l = \int_0^R \langle |H_l(r,\zeta)|^2 \rangle r\mathrm{d}r = \frac{2\pi}{\omega^{2(p_0+l_0+1)}(\zeta)}\int_0^R r^{2l_0+1}\left| L_{p_0}^{l_0}\left[\frac{r^2}{\omega_0^2(1+\mathrm{i}\zeta)} \right] \right|^2 \times$$

$$\exp\left[-\frac{2r^2}{\omega^2(\zeta)} \right]\exp\left(-\frac{2r^2}{\tilde\rho_0^2} \right)I_{l-l_0}\left(\frac{2r^2}{\tilde\rho_0^2} \right)\mathrm{d}r$$

$$(5-76)$$

式中，R 代表接收孔径的半径。

湍流环境中，在通信系统接收端接收到的光束成分中，给定轨道角动量 l_0 的模态占所有接收到的模态 l 能量比值为

$$p_l = \frac{\Im_l}{\displaystyle\sum_{m=-\infty}^{m=+\infty}\Im_m} \quad (5-77)$$

若接收端检测到的轨道角动量模态数与发射端轨道角定量模态相等，即 $l = l_0$，p_{l_0} 被称为信号检测概率，顾名思义，也就是发射端原始光束携带的轨道角动量被检测的概率。用 $p_{\Delta l}$ 表示信号串扰概率，此时接收端接收到的轨道角动量模态为 $l = l_0 \pm \Delta l$，Δl 表示轨道角动量之间间隔，$p_{\Delta l}$ 反映了光束从 l_0 模态变化为其他轨道角动量模态的概率。

基于上述得到的数学表达式，对部分相干完美拉盖尔-高斯光束在海洋湍流环境中的传输进行了模拟仿真分析。仿真参数设置如下：$p_0 = l_0 = 1$，$\Delta l = 1$，$\lambda = 532$ nm，$z = 50$ m，$\omega_0 = 5$ mm，$\chi_T = 10^{-7}$ $\mathrm{K}^2\mathrm{s}^{-1}$，$\varepsilon = 10^{-7}$ $\mathrm{m}^2\mathrm{s}^{-3}$，$\omega = -3$，$\eta = 1$ mm。

如图 5.33 所示，给出了部分相干完美拉盖尔-高斯光束随光束相干长度 ρ_s 变化的概率密度分布曲线。由图可知，光束相干长度不断增大时，光束在接收端的模式概率密度先逐渐增大，随后保持在一定的数值不再发生明显波动。当 $\chi_T < 10^{-6}\ K^2 s^{-1}$ 时，检测到的串扰概率密度在光束相干长度趋近于零的位置取得最大值，之后沿着相干长度增大的方向串扰概率密度逐渐减小；当 $\chi_T > 10^{-5}\ K^2 s^{-1}$ 时，串扰概率密度变化曲线与模式概率密度曲线变化趋势类似。分析图 5.33 可以得知，海洋湍流参数 χ_T 取值越小，光束受湍流影响也越弱。同时，完全相干光束比部分相干光束抗湍流能力更强。

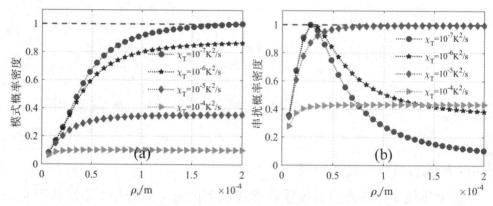

图 5.33　部分相干完美拉盖尔-高斯光束随相干长度取值变化
得到的概率密度分布曲线

（a）$p_0 = 1, l_0 = 1$ 时光束模式概率密度分布；（b）$\Delta l = 1$ 时光束的串扰概率密度分布

图 5.34 给出了在海洋湍流中，不同径向模态的部分相干完美拉盖尔-高斯光束对应的螺旋谱分布。从图 5.34(a) 和 5.34(b) 可以观察到，螺旋谱分布是分别关于 $l_0 = 0$ 和 $\Delta l = 0 (l = l_0)$ 的对称分布，这是因为光束的拓扑荷符号的正负只影响涡旋光螺旋波前相位的旋转方向，而对光束的光强分布没有影响。由于光束拓扑荷 l_0 取较大数值时，拉盖尔-高斯光束光斑变大，将遭受更严重的湍流效应影响，所以随着光束拓扑荷数增大，光场探测概率 p_{l_0} 将逐渐减小。减小 $\Delta l = l - l_0 (l_0 = 1, l = \pm 1, \pm 2, \pm 3, \pm 4)$ 时，探测到的 $p_{\Delta l}$ 数值将变大。接收到的轨道角动量模态除了发射端光场携带的轨道角动量模态之外，还包含有其他模态，这主要是发射轨道角动

量模态向邻近模态的弥散导致的。图 5.34(c)和 5.34(d)给出了不同径向模态 p 的光束对应的轨道角动量螺旋谱。除 $\Delta l = 0$ 情形,串扰功率谱曲线随着 p 值的增大单调下降,但变化浮动范围很小。这种现象是因为对于完美拉盖尔-高斯光束,即使径向模态取非零值 $p \neq 0$,光束横截面光斑依然保持单环结构。

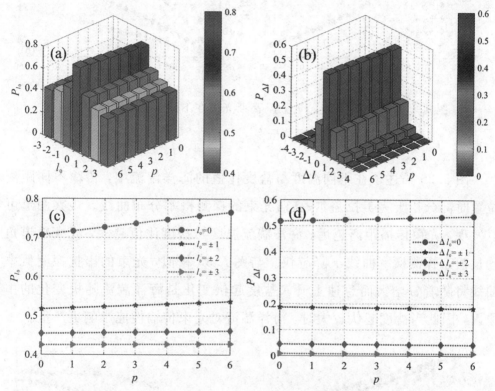

图 5.34 不同光束模态的部分相干完美拉盖尔-高斯光束的轨道角动量探测概率

(a) $l = l_0$ 情况下,轨道角动量探测概率;

(b) $l = l_0 + \Delta l$ 情况下,轨道角动量探测概率;

(c) $l = l_0$ 时,不同径向模态取值对应的轨道角动量探测概率曲线;

(d) $l = l_0 + \Delta l$ 时,不同径向模态取值对应的轨道角动量探测概率曲线

图 5.35 给出了在不同湍流动能耗散率 ε 的海洋湍流中,传输不同距离位置时部分相干完美拉盖尔-高斯光束的探测概率分布曲线。随着传输距离增大,湍流动能耗散率取值越小,接收到发射端发射的特定角动量模态的概率变小,导致轨道角动量模态串扰概率增大。无论是探测概率或串

扰概率，随着传输距离增大，曲线变化的斜率越来越小。

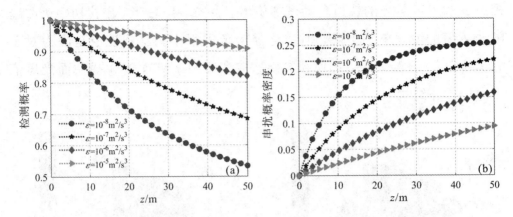

图 5.35 部分相干完美拉盖尔–高斯光束在不同湍流动能耗散率的
海洋湍流中的探测概率

图 5.36 描述了在不同温度与盐度比值的海洋湍流中，传输不同距离
位置时部分相干完美拉盖尔–高斯光束的探测概率分布曲线。观察图形可
以发现，光束传播距离越远，海洋湍流温度与盐度比值越大，光束轨道角
动量模态探测概率曲线下降越快。与图 5.35 相似，光束的串扰探测概率
曲线将随着 ω 增大而急速上升。盐度起伏变化是海洋湍流随机变化的主
原因，因此当盐度起伏较大时，海洋湍流对光束传输性能影响更严重。

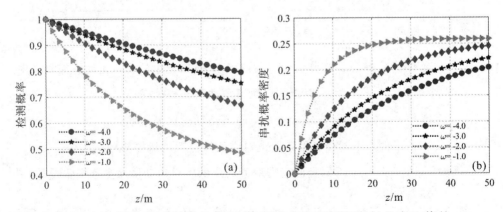

图 5.36 部分相干完美拉盖尔–高斯光束在不同温度与盐度比值的
海洋湍流中的探测概率

图 5.37 是不同波长的部分相干完美拉盖尔–高斯光束在海洋湍流传
输 50 m 距离后，检测到的螺旋谱分布。从图中可以看到，光束的波长取

值会对螺旋谱分布产生明显的影响，选取长波长的光束作为光源，由湍流引起的轨道角动量弥散效应将受到一定改善。根据公式(5 - 69)和(5 - 71)可以看出，光束的等效相干长度 $\tilde{\rho}_0$ 与波长 λ 具有正相关关系，因此波长越长，光束的等效相干长度取值越大。因此，长波长的部分相干完美拉盖尔-高斯光束具有更好的抗湍流能力。值得注意的是，在海洋环境中，由于海水的吸收和散射效应，光束的有效传输距离被限制在几十米的范围内，并且海水对光波的衰减与光波波长取值有关。研究结果表明[20]，蓝绿波段光束，即波长 450 nm～550 nm 的激光受海水衰减影响较小。因此，在蓝绿波段范围内，尽可能选择长波长的光源，这可有效抑制海水吸收和散射带来的负面效应。

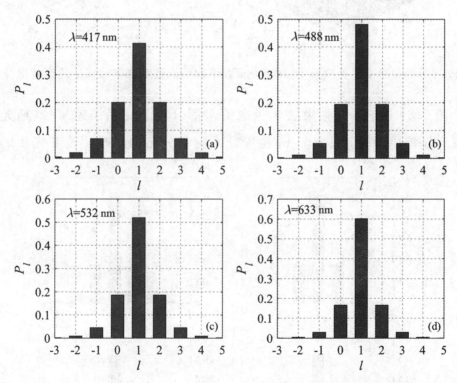

图 5.37　不同波长的部分相干完美拉盖尔-高斯光束在海洋湍流中的螺旋谱分布

　　为了进一步研究海洋湍流对部分相干完美拉盖尔-高斯光束传输的影响，图 5.38 给出了不同海洋湍流等效强度的光束螺旋谱分布。图中螺旋谱分布是设置入射光波波长 $\lambda=532$ nm，湍流强度 C_n^2 在 5×10^{-15} $K^2 m^{-2/3}$ ～ 5×10^{-13} $K^2 m^{-2/3}$ 范围内取值计算得到的仿真结果。可以明显观察到，螺旋谱分布随着湍流强度的变化而发生改变。当湍流强度变大时，光束螺旋谱弥散变得更加严重。由等效湍流强度 $C_n^2 = 10^{-8}\varepsilon^{-1/3}\chi_T$ 可知，湍流强度 C_n^2 是由海洋湍流参数 χ_T 和 ε 共同决定的，因此，χ_T 越小且 ε 越大，传输的轨道角动量模态向相邻模态的弥散越少。

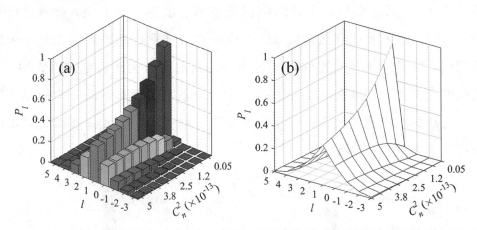

图 5.38　部分相干完美拉盖尔-高斯光束在不同湍流强度海洋湍流中的螺旋谱分布

图 5.39 讨论了光束束腰半径取值对部分相干完美拉盖尔-高斯光束在海洋湍流中传输到 $z=50$ m 位置处螺旋谱分布的影响。改变光源的束

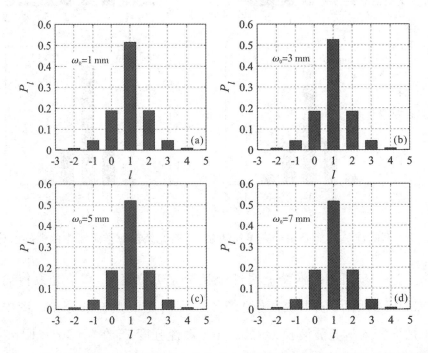

图 5.39　不同束腰半径的部分相干完美拉盖尔-高斯光束在海洋湍流中的螺旋谱分布

腰半径尺寸，对轨道角动量的螺旋谱分布不产生明显影响，传输轨道角动量的探测概率 $p_{l_0=1}$ 在 0.5 数值附近轻微波动，为了揭示光束束腰半径对轨道角动量探测概率变化的影响，绘制了如图 5.40 所示的部分相干完美拉盖尔-高斯光束的探测概率随束腰半径尺寸变化的曲线图。

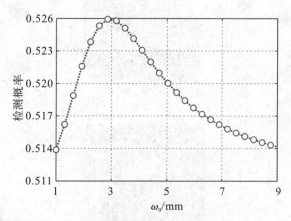

图 5.40　不同束腰半径尺寸的部分相干完美拉盖尔-高斯光束的探测概率

图 5.40 给出了光束在海洋湍流中传输到 50 m 位置，束腰半径 ω_0 在 1 mm～9 mm 范围内，部分相干完美拉盖尔-高斯光束的探测概率变化情况。可以发现轨道角动量探测概率随着束腰半径尺寸的增大先逐渐增大，当 $\omega_0 = 3$ mm 附近探测概率达到最大值，然后随着 ω_0 进一步增大探测概率缓慢下降。由文献[21-23]可知，束腰半径尺寸较大的光波将经历较小的光束扩展和展宽，在给定发射功率情况下，轨道角动量功率谱密度将随着束腰半径的增大而减小。

5.4.4　平均信道容量

在实际的通信链路中，湍流随机起伏是当前面临的重要挑战之一。本节建立了部分相干完美拉盖尔-高斯光束在湍流海洋中传输的理论模型，通过数值仿真模拟讨论了基于部分相干完美拉盖尔-高斯光束光通信信道的平均信道容量特性。

图 5.41 给出了完美拉盖尔-高斯光束在海洋湍流中传输的情况，对比源场和在湍流中传输后的光强三维分布可以看出，光束的光强发生扩展且

光斑发生破碎；此外，可以清晰地看到，源场未受湍流影响时光束只携带一种轨道角动量模态，但是经过湍流环境后发射轨道角动量模态向其他模态值弥散。

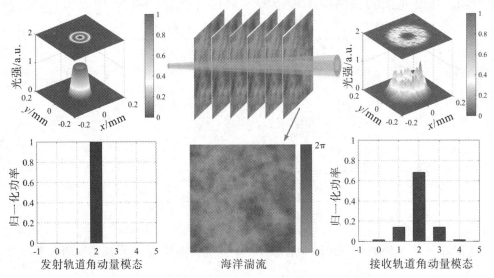

图 5.41　完美拉盖尔-高斯光束在海洋湍流中传输框图

由通信原理知识可知，离散信道容量可以用每个符号能够传输的平均信息量的最大值来表示，具体表达式为[24]

$$\frac{平均信息量}{符号} = -\sum_{i=1}^{n} P(x_i)\mathrm{lb}P(x_i) - \left[-\sum_{j=1}^{m} P(y_j)\sum_{i=1}^{n} P(x_i|y_j)\mathrm{lb}P(x_i|y_j)\right]$$
$$= H(x) - H(x|y) \tag{5-78}$$

式中，$H(x) = -\sum_{i=1}^{n} P(x_i)\mathrm{lb}P(x_i)$，表示发送符号 x_i 的信息量，又被称为

信源熵；$H(x|y) = -\sum_{j=1}^{m} P(y_j)\sum_{i=1}^{n} P(x_i|y_j)\mathrm{lb}P(x_i|y_j)$ 表示接收端接收

到符号 y_j 时发送符号 x_i 的信息量，称为条件熵。

由上式可知，发送符号的信息量为 $H(x)$，但是由于符号传输错误引起 $H(x|y)$ 信息量的损失，因此收到一个符号的平均信息量为 $H(x) - H(x|y)$，即每个符号传输的平均信息容量的大小和发射端符号概率 $P(x_i)$ 有关。在通信原理中，将发送符号概率的最大值定义为信道容量，即

$$C = \max_{P(x)}[H(x) - H(x|y)] \quad (\mathrm{bits/symbol}) \tag{5-79}$$

部分相干完美拉盖尔-高斯光束在海洋湍流中传输,若发射端光束轨道角动量模态为 l_0,在接收端接收到轨道角动量模态为 l 光束的模式权重可以表示为

$$\Im_l = \int_0^R \langle |R_l(r,\zeta)|^2 \rangle r\mathrm{d}r$$

$$= \frac{2\pi}{\omega^{2(p_0+l_0+1)}(\zeta)} \int_0^R r^{2l_0+1} \left| L_{p_0}^{l_0}\left[\frac{r^2}{\omega_0^2(1+\mathrm{i}\zeta)}\right] \right|^2 \times$$

$$\exp\left[-\frac{2r^2}{\omega^2(\zeta)}\right]\exp\left(-\frac{2r^2}{\widetilde{\rho}_0^2}\right)I_{l-l_0}\left(\frac{2r^2}{\widetilde{\rho}_0^2}\right)\mathrm{d}r \qquad (5-80)$$

轨道角动量模态为 l 的部分相干完美拉盖尔-高斯光束占接收到的光束所有可能轨道角动量模态的比重,即转移概率为

$$P(l|l_0) = \frac{\Im_l}{\sum\limits_{m=-\infty}^{m=+\infty} \Im_m} \qquad (5-81)$$

假设自由空间光通信链路是静态离散的无记忆信道,在基于轨道角动量的光通信系统中,以 l 代表接收到的轨道角动量模态,理论上 l 可取任意整数值,l_0 表示待传输的轨道角动量模态,取值范围为 $l=-M,\cdots,M$;$N=2M+1$ 代表基于轨道角动量通信系统的希尔伯特空间维度大小,则信源熵 $H(l_0)$ 和条件熵 $H(l|l_0)$ 可分别表示为

$$H(l_0) = -\sum_{l_0} P(l_0)\mathrm{lb}P(l_0) \qquad (5-82)$$

$$H(l_0|l) = -\sum_l \sum_{l_0} P(l_0)P(l|l_0)\left[\mathrm{lb}P(l|l_0) - \mathrm{lb}\sum_{l_0}P(l|l_0)\right]$$

$$(5-83)$$

式中,$P(l_0)$ 和 $P(l|l_0)$ 分别表示轨道角动量模态 l_0 的发射概率以及发射模态 l_0 的涡旋光经过湍流环境传输后,在接收端接收模态为 l 的条件概率。

当发射端各轨道角动量模态等概率传输,即 $P(l_0)=1/N$ 时,通信系统获得最大的平均信道容量,公式(5-82)和(5-83)表示的信源熵和条件熵重写为[25]

$$H(l_0) = -\sum_{l_0=-M}^{M} P(l_0) \mathrm{lb} P(l_0) = \mathrm{lb}(N) \tag{5-84}$$

$$H(l_0 \mid l) = -\frac{1}{N} \sum_{l=-\infty}^{+\infty} \sum_{l_0=-M}^{M} P(l \mid l_0) \left[\mathrm{lb} P(l \mid l_0) - \mathrm{lb} \sum_{l_0=-M}^{M} P(l \mid l_0) \right]$$

$$\tag{5-85}$$

则使用部分相干完美拉盖尔-高斯光束作为信息载波的基于轨道角动量的
通信系统信道容量为

$$C = \max_{p(l_0)} \left[H(l_0) - H(l \mid l_0) \right]$$

$$= \mathrm{lb}(N) + \frac{1}{N} \sum_{l=-\infty}^{l=+\infty} \sum_{l_0=-M}^{M} P(l \mid l_0) \left[\mathrm{lb} P(l \mid l_0) - \mathrm{lb} \sum_{l_0=-M}^{M} P(l \mid l_0) \right]$$

$$\tag{5-86}$$

　　根据推导得到的信道容量表达式，通过仿真模拟对光通信系统的性能
进行研究，仿真参数设置如下：入射光束波长在 417 nm～633 nm 范围内
取值，默认波长取值为 $\lambda = 532$ nm，在海洋湍流中传输距离范围设置为
0 m～50 m，默认数值为 $z = 30$ m，其他参数 $p_0 = 1$，$M = 7$，$\omega_0 = 5$ mm，
$\rho_s = 0.1$ m，$\chi_T = 10^{-7}$ K^2/s，$\varepsilon = 10^7$ m^2/s^3，$\omega = -3$，$\eta = 1$ mm。

　　图 5.42 给出了传输不同轨道角动量模态时，在接收端接收到的轨道
角动量模态情况。从图中可以清楚地看到，在接收端不仅接收到信号轨道
角动量模态信息，还会包含其他不需要的模态数，这是由海洋湍流导致模

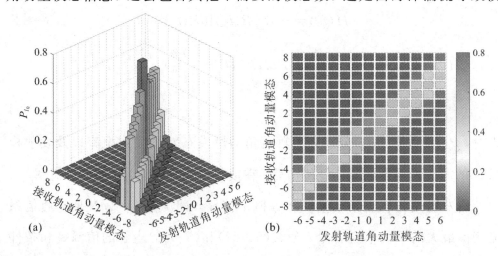

图 5.42　不同轨道角动量的部分相干完美拉盖尔-高斯光束在海洋湍流中的螺旋谱

态弥散引起的。无论发射端发射哪一个数值的轨道角动量模态，接收到的轨道角动量功率谱分布都是关于 $l=l_0$ 对称的，具体原因已经在上一小节中进行了说明。此外，接收功率主要分布在信号轨道角动量模态上以及左右相邻的两种模态数上，对于其他模态，与发射轨道角动量模态相差数值越大，对应的功率值也越小。并且，从图中还可以看到，随着发射轨道角动量模态绝对值增大，信号探测概率随之减小。

　　图 5.43 描述了轨道角动量模态总数和光通信链路长度对部分相干完美拉盖尔-高斯光束光通信系统平均信道容量的影响。从图 5.43(a)可以明显看到，光通信系统信道容量随传输距离的增大逐渐减小。轨道角动量模态总数越多，平均信道容量曲线传输距离增大后下降的趋势越快。图 5.43(b)阐明了随着轨道角动量模态总数 N 增多，通信系统的平均信道容量迅速提升，但是在湍流环境中的信道容量始终低于同等条件下理想信道的信道容量。

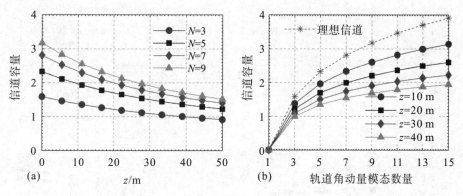

图 5.43　不同轨道角动量模态总数和传输距离对应基于部分相干完美
拉盖尔-高斯光束光通信系统平均信道容量

　　图 5.44 讨论了光束波长以及海洋湍流参数取值对采用部分相干完美拉盖尔-高斯光束作为载波，光束在湍流中传输 30 m 后计算得到的通信系统平均信道容量。图 5.44(a)展示了入射光波波长对光通信系统信道容量的影响，波长取值 $\lambda=417$ nm，488 nm，532 nm，633 nm。可以观察到，无论轨道角动量模态总数如何取值，通信系统的信道容量都随着入射光波波长的增大而得到提高。可以通过如下过程对该现象进行解释，即

$$\rho_0 = [1.28 \times 10^{-8} k^2 z \chi_T \eta^{-1/3} \varepsilon^{-1/3} (6.78 + 47.57\omega^{-2} - 17.67\omega^{-1})]^{-1/2}$$

$$(5-87)$$

$$\tilde{\rho}_0^{-2} = \rho_s^{-2} + \rho_0^{-2} \qquad (5-88)$$

联立以上两式，并将 $k = 2\pi/\lambda$ 代入公式(5-87)中，可得

$$\tilde{\rho}_0^2 = \left(\frac{1}{\rho_s^2} + \frac{\sigma}{\lambda^2}\right)^{-1} \qquad (5-89)$$

式中，$\sigma = 5.12 \times 10^{-8} \pi^2 z \chi_T \eta^{-1/3} \varepsilon^{-1/3} (6.78 + 47.57\omega^{-2} - 17.67\omega^{-1})$。因此，光束的有效相干长度 $\tilde{\rho}_0$ 与入射光波波长 λ 具有正相关的数学关系，揭示了长波长光源具有较大的有效相干长度。所以，长波长部分相干完美拉盖尔-高斯光束受海洋湍流影响较小。

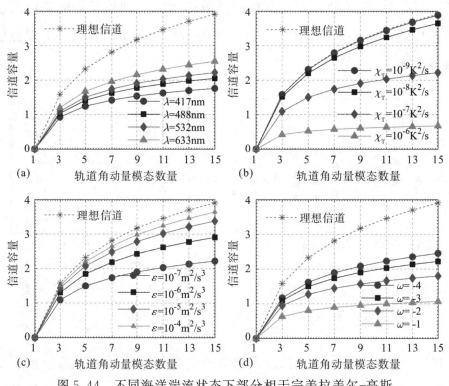

图 5.44　不同海洋湍流状态下部分相干完美拉盖尔-高斯
光束传输 30 m 后的平均信道容量

　　光束在海洋湍流中传输，受海洋湍流参数影响的传输特性如图 5.44 (b)～(d)所示。当 $\chi_T > 10^{-6}$ K²/s 时，通信系统信道容量先缓慢增大最终趋于平稳，当海洋湍流参数 χ_T 减小时，信道容量随着轨道角动量模态总

数急速上升。当 χ_T 取值足够小，计算得到的信道容量与理论值无限接近。从图 5.44(b) 可以得到如下结论：当海洋湍流的温度方差耗散率减小时，光束受湍流影响减轻。图 5.44(c) 反映了通信系统的信道容量随海洋湍流参数 ε 增大而增大，且信道容量曲线变化曲率随轨道角动量模态总数增多而变小。为了观察海洋湍流 ω 参数取值对通信系统容量的影响，绘制了如图 5.44(d) 所示的信道容量曲线分布。从图 5.44(d) 中可以看到信道容量与海洋湍流 ω 取值成负相关关系，当 ω 取较大数值时，海洋湍流强度将增强。

　　图 5.45 进一步阐释了光束束腰半径以及空间相干长度取不同数值时，光通信系统的平均信道容量分布情况。图 5.45(a) 讨论了光束束腰半径对信道容量的影响，从图中可以看到，在入射光波束腰半径尺寸逐渐增大的过程中，通信系统的平均信道容量同步提高，并在当 ω_0 近似等于 2 mm 时系统信道容量取得最大值。结果表明，选取适当大小束腰半径尺寸的部分相干完美拉盖尔-高斯光束可有效提高光传输系统的抗湍流能力。此外，还可以观察到在光束束腰半径变化过程中，改变轨道角动量模态总数对通信系统信道容量影响不大。图 5.45(b) 给出了光通信系统平均信道容量与部分相干完美拉盖尔-高斯光束相干长度 ρ_s 的变化关系。当传输距离增大或光源相干长度减小时，系统信道容量急剧下降。很明显观察到，当光源相干长度 ρ_s 趋近于无穷大时，此时光束由部分相干光源衍变为完全相干光束。类似于光波束腰半径对信道容量的影响，光束有效相干长

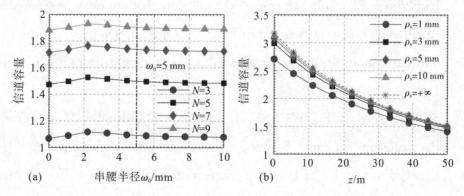

图 5.45　束腰半径和相干长度对部分相干完美拉盖尔-高斯
光束光通信系统信道容量影响

度 $\tilde{\rho}_0$ 与 ρ_s 也具有正相关的对应关系。因此，在海洋湍流传输环境中，与部分相干完美拉盖尔-高斯光束相比，采用完全相干完美拉盖尔-高斯光束可以更有效地抑制由于湍流引起的轨道角动量弥散效应。

参 考 文 献

[1]　BANAKH V A, MIRONOV V L. Lidar in a turbulent atmosphere [M]. Boston: Artech House, 1987.

[2]　WILLIAMS R M, PAULSON C A. Microscale temperature and velocity spectra in the atmospheric boundary layer[J]. Journal of Fluid Mechanics, 1977, 83(03): 547-567.

[3]　CHAMPAGNE F H, FRIEHE C A, LARUE J C, et al. Flux measurements, flux estimation techniques, and fine-scale turbulence measurements in the unstable surface layer over land[J]. Journal of the Atmospheric Sciences, 1977, 34(3): 515-530.

[4]　HILL R J, CLIFFORD S F. Modified spectrum of atmospheric temperature fluctuations and its application to optical propagation [J]. Journal of the Optical Society of America, 1978, 68(7): 892-899.

[5]　MIKHAIL S BELEN'KII, STEPHEN J K, JAMES M B, et al. Experimental study of the effect of non-Kolmogorov stratospheric turbulence on star image motion[C]. Optical Science, Engineering and Instrumentation. International Society for Optics and Photonics, 1997.

[6]　STRIBLING B E, WELSH B M, ROGGEMANN M C. Optical Propagation in non-Kolmogorov atmospheric turbulence [J]. Proceedings of SPIE the International Society for Optical Engineering, 1995, 2471: 181-196.

[7]　KYRAZIS D T, WISSLER J B, KEATING D D B, et al. Measurement

of optical turbulence in the upper troposphere and lower stratosphere [C]. Proceedings of SPIE the International Society for Optical Engineering，1994，2120：43-55.

[8]　ZILBERMAN A，GOLBRAIKH E，KOPEIKA N S，et al. Lidar study of aerosol turbulence characteristics in the troposphere：Kolmogorov and non-Kolmogorov turbulence [J]. Atmospheric Research，2008，88(1)：66-77.

[9]　TOSELLI I，ANDREWS L C，PHILLIPS R L，et al. Free space optical system performance for laser beam propagation through non Kolmogorov turbulence for uplink and downlink paths [C]. Proceedings of SPIE，2007，6708：670803.

[10]　JIANG Y，WANG S，ZHANG J，et al. Spiral spectrum of Laguerre-Gaussian beam propagation in non-Kolmogorov turbulence[J]. Optics Communications，2013，303：38-41.

[11]　SEDMAK G. Implementation of fast-Fourier-transform-based simula-tions of extra-large atmospheric phase and scintillation screens[J]. Applied Optics，2004，43(23)：4527-4538.

[12]　CARBILLET M，RICCARDI A. Numerical modeling of atmos-pherically perturbed phase screens：new solutions for classical fast Fourier transform and Zernike methods[J]. Applied Optics，2010，49(31)：G47-G52.

[13]　HILL R J. Models of the scalar spectrum for turbulent advection [J]. Journal of Fluid Mechanics，1978，88(3)：541-562.

[14]　NIKISHOV V V，NIKISHOV V I. Spectrum of turbulent fluctua-tions of the sea-water refraction index[J]. International Journal of Fluid Mechanics Research，2000，27(1)：82-98.

[15]　THORPE S A. The turbulent ocean[M]. Cambridge：Cambridge University Press，2005.

[16]　HE Q，TURUNEN J，FRIBERG A T，et al. Propagation and

imaging experiments with gaussian Schell-model beams[J]. Optics Communications, 1988, 67(4): 245-250.

[17] TORNER L, TORRES J P, CARRASCO S, et al. Digital spiral imaging[J]. Optics Express, 2005, 13(3): 873-881.

[18] LIU Y, GAO C, GAO M, et al. Coherent-mode representation and orbital angular momentum spectrum of partially coherent beam [J]. Optical Communications, 2008, 281: 1968-1975.

[19] GRADSHTEIN I S, RYZHIK I M. Tables of integrals, series and products[M]. New York and London: Elsevier, Burlington and Moscow, 2007.

[20] DUNTLEY S Q. Light in the sea[J]. Journal of the Optical Society of America A, 1963, 53(2): 214-233.

[21] ZHU Y, ZHANG L, ZHANG Y, et al. Spiral spectrum of Airy-Schell beams through non-Kolmogorov turbulence [J]. Chinese Optics Letters, 2016, 14(4): 042101-42105.

[22] CHENG M, GUO L, LI J, et al. Propagation of an optical vortex carried by a partially coherent Laguerre-Gaussian beam in turbulent ocean[J]. Applied Optics, 2016, 55(17): 4642-4648.

[23] ALPERIN S N, NIEDERRITER R D, Gopinath J T, et al. Quantitative measurement of the orbital angular momentum of light with a single, stationary lens[J]. Optics Letters, 2016, 41(21): 5019-5022.

[24] 樊昌信, 曹丽娜. 通信原理[M]. 北京:国防工业出版社, 2010.

[25] PATERSON C. Atmospheric turbulence and orbital angular momentum of single photons for optical communication [J]. Physical Review Letters, 2005, 94(15): 153901.

第 6 章　基于涡旋光的编译码通信

相位、振幅和偏振态分布是光波的基本属性。在传统光学研究中，对光场的研究主要集中在光场横截面偏振态均匀分布的光场，即标量场。随着技术的发展，各种光学仪器性能的提高，人们开始注意到偏振态分布不均匀的光场，并同时对光场的相位、振幅、偏振态进行调控。随着激光技术的不断发展，涡旋光吸引了越来越多研究学者的关注，因其自身具备的许多新颖物理特性，如空间中无衍射传播、类无衍射传播、显著的自愈功能、携带轨道角动量等，在量子存储[1-3]、光学操控[4,5]、高超分辨显微成像[6,7] 及光通信[8-11] 等领域具有广阔的应用前景。本章将对涡旋光用于通信编译码的基础进行介绍，并以瓣状光束阵列为例详细介绍图像信息编译码的过程。

6.1　涡旋光编译码通信的理论基础

涡旋光之所以用于通信编译码，最关键所在就是携带的轨道角动量。携带不同轨道角动量模态的涡旋光之间具有固有的正交性，也即当两束或多束涡旋光的轨道角动量量子数取值不同时，光场之间的正交结果为零；当轨道角动量的量子数取值相同时，正交结果为非零值。这种特性为采用携带不同量子模态的涡旋光进行信息编码提供了有利的条件。

若轨道角动量量子数分别取 l_1 和 l_2 的涡旋光光场共轴传输，正交特性满足如下关系[12]，即

$$(u_{l_1}, u_{l_2}) = \iint u_{l_1}(r, \theta, z) u_{l_2}^*(r, \theta, z) r\mathrm{d}r\mathrm{d}\theta = \begin{cases} \iint |u_{l_1}|^2 r\mathrm{d}r\mathrm{d}\theta, & l_1 = l_2 \\ 0, & l_1 \neq l_2 \end{cases}$$

$$(6-1)$$

得益于不同轨道角动量之间的这种正交特性，可以看出当携带不同轨道角动量的涡旋光共轴叠加复用时，光场传输一定距离后依然能够有效地分离，从而准确识别出包含的模态组成成分。若以不同的轨道角动量映射"0"、"1"或两者组成的二进制序列，就可以实现信息的编码。并且在理论上，轨道角动量可以取无穷多种模态，构成无限维度的希尔伯特空间，因此以轨道角动量进行信息编码，可以极大地扩展现有通信系统的通信容量，解决"通信容量危机"。

普通高斯光束仅具备自旋角动量，且已知自旋角动量只包含左旋和右旋两种状态。这意味着将自旋角动量用于信息编码时，仅能表示 0 和 1 两个代码，即一个光子只能携带 1 bit 的信息量。用携带轨道角动量的涡旋光进行信息编码则完全不同，除了携带自旋角动量外还有轨道角动量，若采用 N 个不同的轨道角动量模态进行信息编码，可以代表 N 种符号状态，每传输一种模态可表示 lbNbit 的信息。此外，根据前面所述的正交特性，携带不同轨道角动量的光束共轴传输时理论上可以相互分开，因此将 N 个不同轨道角动量复用，可构造出 2^N 进制编码方式，此时每个光子表示 Nbit 的信息。同时值得注意的是，这种基于轨道角动量的模分复用方式，与目前通信系统常用的时分复用、频分复用、偏振复用等方式是相互兼容的。在 IMT - 2030(6G)推进组 2021 年发布的《6G 总体愿景与潜在关键技术》白皮书中指出，轨道角动量作为无线传输的新维度，是当前 6G 潜在的关键技术，利用不同模态轨道角动量的正交特性，可大幅提升系统的频谱效率[13]。目前实验上已论证使用轨道角动量编译码实现光通信的可行性，信息传输速率最高可以达到皮比特量级(100 万亿比特每秒)[14-16]。

以轨道角动量为编码资源时，根据通信系统接收端对光场处理方式差异，可分为相干检测与非相干检测两种通信方式。其中，相干检测就是对接收到的携带轨道角动量的光场进行进一步检测，将光强分布为暗中空形态的涡旋光转换为原始的高斯光斑，并通过观察接收光场中心光强是否为零来识别轨道角动量，进而实现译码的过程。而对于非相干检测方式，不再需要将调制后携带信息的涡旋光在接收端转化为高斯光，直接通过观察光场的形态分布即可实现译码。

6.2　基于涡旋光的相干检测光通信系统

6.2.1　相干检测原理与实验基础

图 6.1 给出了基于单模态轨道角动量相干检测的编译码光通信系统示意图。在发射端，激光器出射的基模高斯光束照射空间光调制器 SLM1，产生携带轨道角动量的光束。光束在空间中传播一段距离后，照射到接收端放置的空间光调制器 SLM2，若接收端加载相位图的模态与发射端互为共轭，最终将观察到光斑中心出现亮斑，基于此现象，获取传输到接收端涡旋光的模态信息，实现信息编译码。

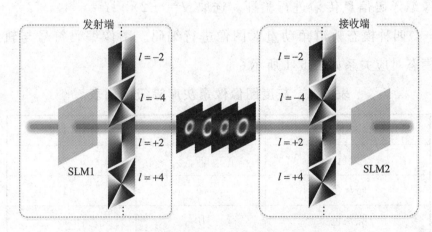

图 6.1　轨道角动量信息编译码传输系统示意图

假设用 N 种单一模态的轨道角动量对信息进行编码，N 个轨道角动量对应的模态值为 $|l_1\rangle$，$|l_2\rangle$，$\cdots$，$|l_N\rangle$，因此经 SLM1 光场调控后，将产生 N 个单一模式的涡旋光，用不同模态的轨道角动量代表不同的信息完成编码过程。在接收端，为了全部检测出传输过来光束的每一种轨道角动量模态值，需要满足 SLM1 每加载完一种相位图，SLM2 需加载完所有 N 种模态对应的相位图，因此 SLM1 每得到一种涡旋光，假设模态值为 $|l_k\rangle$ $(1\leqslant k\leqslant N)$，SLM2 必然会在某一时刻加载上模态为 $|-l_k\rangle$ 的相位图，相

应地，在接收屏上可以观察到光束空心结构变为实心亮斑，从而获取了传输光场的轨道角动量模态信息。因此，SLM1 每加载 N 个相位图，SLM2 需同步完成 N^2 个相位图的加载，其中，SLM2 加载的每一轮 N 个相位图都依次包含 $|-l_1\rangle$，$|-l_2\rangle$，$\cdots$，$|-l_N\rangle$ 这 N 种模态。实验中，为了方便快捷地读出相机拍摄的每一次出现中心亮斑时对应的光场模态，需对捕获的光斑图片进行数字编号，编号格式设置为 $N_{(i,j)}$，其中 i，j 分别表示第 i 个分组和加载第 j 个相位图，将拍摄的图片每隔 N 张分为一组，从第一组开始依次编号为 $N_{(1,1)}$，$N_{(1,2)}$，$\cdots$，$N_{(1,N)}$，完成对接收到的所有图片编号，只要接收到的某张光斑图样出现中心亮斑，就可以直接读取发射端光场对应的模态数值。

为了验证基于单模态模涡旋光信息编译码的可行性，本小节对 2 位灰度图像编译码信息传输进行验证。选取 $|l=-2\rangle$，$|l=-4\rangle$，$|l=+2\rangle$，$|l=+4\rangle$ 四种模态轨道角动量对图像进行编码。图像编码符号与轨道角动量模态对应关系如表 6.1 所示。

表 6.1　灰度图像像素灰度等级编码表

图像灰度等级	编码符号	OAM 模态
黑色	00	$\|-2\rangle$
暗灰色	01	$\|-4\rangle$
亮灰色	10	$\|+2\rangle$
白色	11	$\|+4\rangle$

如图 6.2 所示，给出了对 2 位"Lena"灰度图像信息与四种轨道角动量模态光场的对应关系。图像像素最低时表现为黑色，取得最高值时表现为白色，介于最低与最高值之间的表现为暗灰色和亮灰色，依次对应 $|l=-2\rangle$，$|l=+4\rangle$，$|l=-4\rangle$，$|l=+2\rangle$ 四种轨道角动量模态。将每个信息转化为对应的轨道角动量模态，经调控后得到相应的涡旋光，就完成了整个编码过程。

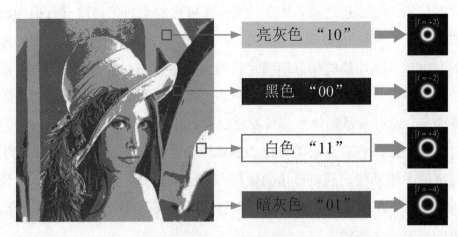

图 6.2　图像灰度值与轨道角动量模态对应关系

图 6.3 给出了实验搭建的通信编译码光路框图，为避免激光器出射光功率过大造成光学元件损坏，激光线通过衰减片进行光强衰减，然后通过扩束镜准直扩束，扩束后的光束经放置的水平偏振片变为水平偏振光，以满足空间光调制器只对入射的水平方向偏振光调制的要求，偏振光经分束镜 BS1 后垂直照射到第一个用来调控光场模态的空间光调制器 SLM1，将入射的基模高斯光束转换为携带轨道角动量的涡旋光；依次向 SLM1 加载 $|l=-2\rangle$，$|l=-4\rangle$，$|l=+2\rangle$，$|l=+4\rangle$ 对应的相位图，同时调控生成的涡旋光经分束镜 BS1 和 BS2 反射垂直照射到第二个用来检测光场模态的空间光调制器 SLM2，SLM2 按照一定的速度同时加载 $|l=+2\rangle$，$|l=+4\rangle$，$|l=-2\rangle$，$|l=-4\rangle$ 的相位图。

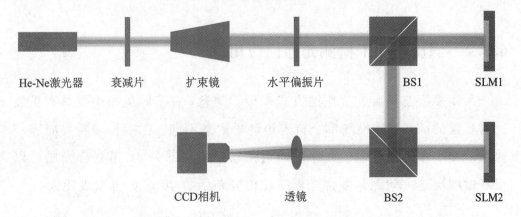

图 6.3　通信编译码实验装置框图

在传输图片信息之前,首先对图 6.3 搭建的光通信链路进行编译码效果调试,CCD 相机拍摄到的光斑如图 6.4 所示。从图中可以看出,每当 SLM1 和 SLM2 加载的相位图满足轨道角动量模态互为共轭条件时,捕获到的光斑中心位置就会出现明显的亮斑,而对于其他情形,光斑中心光强始终为零,说明编译码效果与预期相吻合,可以开展下一步信息编译码传输。尽管上述内容只介绍了单模态的轨道角动量相干检测,事实上对于后续提出的采用其他识别轨道角动量模态信息的方式,如叉型光栅、达曼光栅,都是基于在接收端将涡旋光转化为高斯光束,判别光斑中心是否出现亮斑的现象来实现的。

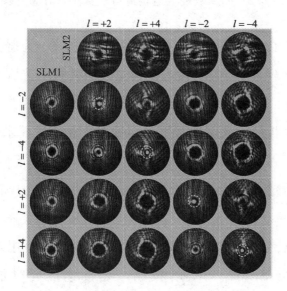

图 6.4　调控产生的涡旋光模态检测实验结果

6.2.2　涡旋光相干检测光通信应用

采用多模态涡旋光复用的方式来传输信息,在实际应用中更具有扩展通信容量的前景。和检测单个轨道角动量模态不同,在接收端需要能够一次性检测出多模混合涡旋光中的轨道角动量组成部分,采用复合光栅可以很好地解决这一问题。复合光栅的相位分布函数 $\Phi(x,y)$ 可以表述为

$$\exp[\mathrm{i}\Phi(x,y)]=\sum_{m=-\infty}^{+\infty}\sum_{n=-\infty}^{+\infty}a_{mn}\exp\left[\mathrm{i}\left(\frac{2\pi mx}{T}+\frac{2\pi ny}{T}+l_{mn}\theta\right)\right] \quad (6-2)$$

光束通过达曼涡旋光栅后，衍射光斑呈现出 M 行 N 列的光斑阵列样式，即 $M \times N$ 个衍射光斑，其中，$|a_{mn}|^2 = 1/(MN)$ 为衍射阶数坐标 (m,n) 位置光斑的归一化功率，l_{mn} 是在 (m,n) 阶数位置设定的涡旋光模态数值，θ 为径向角。

假设入射光波由 $\mathcal{N}=M \times N$ 种模态 $l_1,l_2,\cdots,l_{\mathcal{N}}$ 的涡旋光共轴复合而成，则复用后的光场模态可以表示为

$$|\psi\rangle = \sum_{k=1}^{N} a_k |l_k\rangle \tag{6-3}$$

在接收端，复用的涡旋光 $|\psi\rangle$ 经过达曼涡旋光栅后，光斑将在 $\mathcal{N}$ 个不同空间位置分离，如果设置数值关系：$l_1 = -l_{11}, l_2 = -l_{22}, \cdots, l_{\mathcal{N}} = -l_{mn}$，则复用的涡旋光中模态为 $|l_{m'n'}\rangle$ 的光场成分经过光栅衍射后将变化为

$$|l_{m'n'}\rangle \exp(\mathrm{i}l_{mn}\theta) = \sum_{k=1}^{\mathcal{N}} a_k |l_k + l_{m'n'}\rangle \tag{6-4}$$

从公式 $(6-4)$ 可以看出，当 $l_k = -l_{m'n'}$ 时，上式变化为 $|l_{m'n'}\rangle \exp(\mathrm{i}l_{mn}\theta) = |0\rangle$，表示复用成分 $|l_{m'n'}\rangle$ 经光栅衍射后在衍射阶数 (m',n') 的位置呈现出中心光强非零的亮斑（如图 6.5 所示），因此可以通过观察接收屏上对应的位置中心光强是否为零识别出复用涡旋光的模态组成成分。

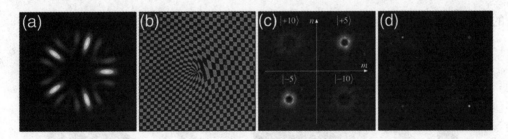

图 6.5　多模混合涡旋光模态检测[17]

（a）多模混合涡旋光；（b）达曼涡旋光栅；

（c）、（d）分别表示高斯光束、多模混合涡旋光通过光栅后的衍射图样

接收端采用复合光栅检测轨道角动量模态，将单模态涡旋光作为载波所承载的信息译码。如图 6.6 所示，在发射端，激光器发出的高斯光束照射空间光调制器，调制器上加载轨道角动量模态 $l=-16,-12,-8,-4,+4,+8,+12,+16$ 中的一种对应的相位全息，经调控产生的特定模态的涡旋光

通过扩束系统处理后，传输到自由空间，再经缩束处理照射到对准后的接收端空间光调制器。在接收端，加载计算产生的复合光栅，最终由 CCD 相机捕获衍射后的光斑。通过观察接收屏上对应位置是否出现中心非零值的亮斑，识别出传输光束的轨道角动量模态，进而完成整个编译码过程。

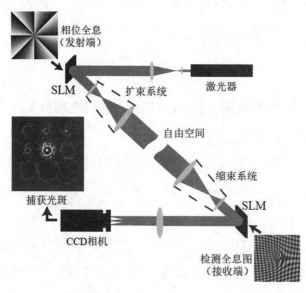

图 6.6　相干检测方式实现单模态涡旋光的光通信系统[8]

如图 6.7 所示，若光通信系统发射端采用多模态轨道角动量复合而成的涡旋光作为载波，组成模态为 $|-10\rangle,|-7\rangle,|-4\rangle,|-1\rangle,|+1\rangle,|+4\rangle,$ $|+7\rangle,|+10\rangle$ 中的任意组合，则一共可产生 256 种对应编码全息图。对 8

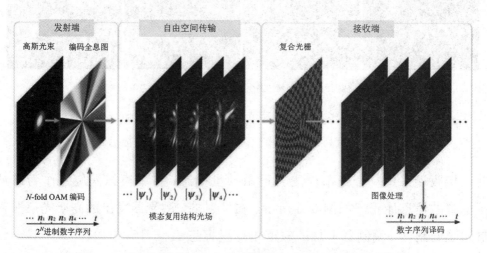

图 6.7　相干检测方式实现多模态复合涡旋光光通信[18]

位灰度图像进行编码，每一个编码全息图可映射一个灰度值（0～255）。调制产生的复合涡旋光经自由空间传输后，在接收端由复合光栅进行模态分离，识别出所包含的轨道角动量模态，完成解码。

从相干检测方式可以看出，想要准确恢复原始传输信息，必须在光通信系统接收端实现涡旋光轨道角动量准确识别。但在实际传输环境中，受湍流等因素的影响，单个轨道角动量将发生弥散，不同轨道角动量相互之间不可避免产生串扰；并且随着光束传输距离的增大，光斑展宽，传输形态呈现出倒锥形发散形态，使涡旋光在远距离传输和波束对准等方面面临挑战。

6.3　基于涡旋光的非相干光通信系统

与涡旋光相干检测方式实现通信编译码不同，非相干检测无须在接收端对光场进行模态检测，只需观察捕获光斑分布形态即可实现译码的整个过程。因此，采用非相干检测方式可以有效克服涡旋光模态的弥散以及串扰问题，译码过程更容易操作和实现。接下来的内容将通过实例具体介绍涡旋光非相干光通信系统编译码的具体实现过程。

目前，已有文献提出很多非相干检测实现涡旋光编译码通信的方式，比如基于涡旋光与平面波的干涉模态[19]，测量观察到的涡旋光光斑的直径[20]，以高斯光斑和涡旋光斑分别表示"0"和"1"符号组成符号序列[21]，以及分数阶轨道角动量对应的涡旋光形态来表征待传输信息[22]。下面重点以"瓣状涡旋光"为例[23]，介绍非相干检测方式实现通信编译码的过程。

理论上，柱坐标系下携带轨道角动量的涡旋光复振幅表达式为

$$u(r,\theta,z)=\left[\frac{\sqrt{2}\,r}{\omega}\right]^{|l|}L_p^{|l|}\left(\frac{2r^2}{\omega^2}\right)\exp\left(-\frac{r^2}{\omega^2}-\mathrm{i}kz\right)\exp(\mathrm{i}l\theta) \quad (6-5)$$

通常在实际实验中，产生的涡旋光都是假设 $p=0$ 的情形，此时在 $z=0$ 的束腰位置处，公式（6-5）退化为

$$u(r,\theta)=\left[\frac{\sqrt{2}\,r}{\omega_0}\right]^{|l|}\exp\left(-\frac{r^2}{\omega_0^2}\right)\exp(\mathrm{i}l\theta) \quad (6-6)$$

　　将轨道角动量模态取值分别为 l 和 $-l$ 两束涡旋光等幅值、共轴叠加，就可以得到光强分布呈现花瓣形态的光场，称之为瓣状光场。为了表述方便，这里以 $|\mathrm{OAM}_{\pm l}\rangle$ 表示得到的瓣状光场，且其表达式为

$$|\mathrm{OAM}_{\pm l}\rangle = A_l \cos(l\theta) \qquad (6-7)$$

　　根据瓣状光场表达式，可以计算得到对应的光强为

$$I = ||\mathrm{OAM}_{\pm l}\rangle|^2 = A_l^2 \cos^2(l\theta) \qquad (6-8)$$

式中，A_l 是与轨道角动量 l 模值相关的常量，且 $A_l = 2\left[\dfrac{\sqrt{2}\,r}{\omega_0}\right]^{|l|} \times \exp\left(-\dfrac{r^2}{\omega_0^2}\right)$。

　　基于以上公式，分别绘制不同 l 取值情况下涡旋光与瓣状光场的光强分布，如图 6.8 所示。图中仿真参数设置为：波长 $\lambda = 632.8$ nm，束腰半径 $\omega_0 = 5$ mm，轨道角动量模态 $l = \pm1, \pm2, \pm3, \pm4$。由图可明显看出，与单模态涡旋光光强分布形态呈环状结构不同，瓣状光场呈现离散状的花瓣状，这种离散光强形态是由瓣状光场的相位只有 0 和 π 引起的。通过观察可以发现，离散花瓣的个数等于轨道角动量数值的 2 倍，基于此，可以采用瓣状光场进行信息编码，而在光通信系统接收端只需要计算出光斑的离散瓣数就能够实现信息解码。

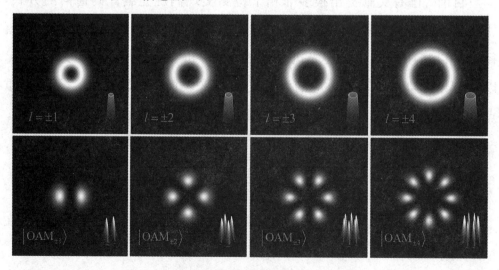

图 6.8　单模态涡旋光及瓣状光场光强分布

　　为了提高编码效率，考虑将瓣状光场设计为阵列样式。如图 6.9 所示，展示了光场阵列的具体设计过程。首先将模态值 l 不同的瓣状光场对应的相位分别放到平面直角坐标系中Ⅰ、Ⅱ、Ⅲ、Ⅳ区域，然后将得到的相位全息阵列与参考平面波进行叠加，得到计算全息图，以高斯光束照射该全息图就可以产生瓣状光场阵列。

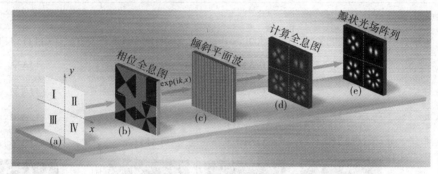

图 6.9　光场阵列设计过程

（a）光场分布区域；（b）光场阵列相位分布；（c）参考平面波相位分布；

（d）计算全息图；（e）瓣状光场阵列

　　下面以传输图像信息为例，讲述如何应用瓣状光场阵列进行信息编译码。图 6.10 展示了基于瓣状光场阵列图像信息编译码的光通信系统图例。整个光通信系统主要由发送端和接收端组成。在发送端，将灰度图像的灰度值 0～255 转化为对应的 8 位二进制编码序列，进而将二进制序列等分为 4 组，每组包含 2 位二进制数，因此就得到了 4 组由"00""01""10""11"组合的符号序列。同时选取 $|\mathrm{OAM}_{\pm1}\rangle$、$|\mathrm{OAM}_{\pm2}\rangle$、$|\mathrm{OAM}_{\pm3}\rangle$、$|\mathrm{OAM}_{\pm4}\rangle$ 瓣状光场依次分别与"00""01""10""11"对应，则图像的灰度值最终转化为不同模态瓣状光场组成的阵列。

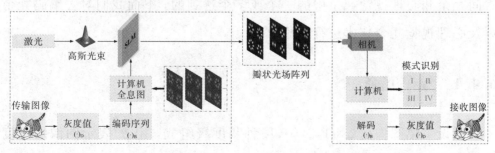

图 6.10　基于瓣状光场阵列的图像信息编译码系统框图

在光通信系统接收端，用相机接收传输的阵列光场，并将接收到的光场Ⅰ、Ⅱ、Ⅲ、Ⅳ区域分布形态与表 6.2 所示的解码对照表进行对照，就可以得到由"00""01""10""11"组合的符号序列，进而恢复出图像的灰度信息。

表 6.2　灰度值、二进制序列、模态分布以及光场阵列对应关系

灰度值	0	1	2	⋯	255
二进制序列	$(00000000)_B$	$(00000001)_B$	$(00000010)_B$	⋯	$(11111111)_B$
$\|OAM_{\pm 1}\rangle_I$	$\|OAM_{\pm 1}\rangle$	$\|OAM_{\pm 1}\rangle$	$\|OAM_{\pm 1}\rangle$		$\|OAM_{\pm 4}\rangle$
$\|OAM_{\pm 1}\rangle_{II}$	$\|OAM_{\pm 1}\rangle$	$\|OAM_{\pm 1}\rangle$	$\|OAM_{\pm 1}\rangle$	⋯	$\|OAM_{\pm 4}\rangle$
$\|OAM_{\pm 1}\rangle_{III}$	$\|OAM_{\pm 1}\rangle$	$\|OAM_{\pm 1}\rangle$	$\|OAM_{\pm 1}\rangle$		$\|OAM_{\pm 4}\rangle$
$\|OAM_{\pm 1}\rangle_{IV}$	$\|OAM_{\pm 1}\rangle$	$\|OAM_{\pm 2}\rangle$	$\|OAM_{\pm 3}\rangle$		$\|OAM_{\pm 4}\rangle$
光场阵列				⋯	

6.4　图像信息去冗余

原始图像像素之间具有一定的关系。在对图像信息进行编译码传输时，如果不进行图像压缩，携带的冗余信息自然会导致所需要传输的信息量变大，影响信息传输效率，因此在传输图像信息时有必要去除所包含的冗余信息。由图像处理知识可以知道，图像压缩是通过去除编码冗余、像素间冗余和心理视觉冗余中的一个或多个达到的，下面我们对去编码冗余以及心理视觉冗余技术进行讨论。

6.4.1　编码冗余

假设一幅图像由 $a=1,2,\cdots,K$ 种灰度级组成，用 β_a 表示图像的灰度 $a-1$，n_a 表示图像中第 a 个灰度级出现的次数，n 代表图像总像素大小，

则图像中每种灰度的占比可以表示为

$$P(\beta_a) = \frac{n_a}{n}, \quad a = 1, 2, \cdots, K \tag{6-9}$$

若对图像编码后，表示 β_a 的编码长度为 $l(\beta_a)$，则表示图像每个像素的平均比特数为

$$L = \sum_{a=1}^{K} l(\beta_a) P(\beta_a) \tag{6-10}$$

由上式可知，一幅像素大小为 $X \times Y$ 的图像编码后总比特数等于 XYL。

对于一幅图像，必然有的灰度值出现的次数较多，而一些灰度等级出现较少，若对于每种灰度级均采用等长编码，无疑造成了码字的冗余，而如果针对出现次数较多的灰度级采用较短码字，即采用变长编码可以减少整张图像所需编码比特数，因此采用该思路可以减少编码冗余。如图 6.11(a) 为 8 位灰度图像，图 6.11(b) 为图像的灰度等级分布情况。可以注意到，灰度级直方图有六种大概率峰值形态，表明图像存在六个灰度值主要范围，反映出图像的灰度级不是等概率出现的，因此变长编码可以减少编码冗余。

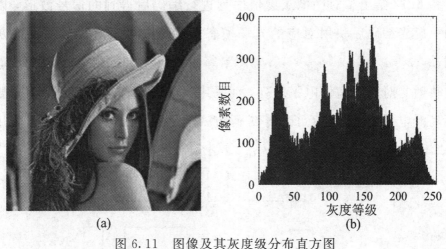

图 6.11　图像及其灰度级分布直方图

(a) 灰度图像；(b) 图像灰度等级

对图像灰度信息进行编码时，对于每个灰度等级，霍夫曼码包含了最少的代码符号数。以像素大小为 50×50 的 4 种灰度值图像为例，讨论采

用霍夫曼码变长编码的效果。如表 6.3 所示，给出了图像每个灰度等级占总像素的概率以及对应的采用等长编码和霍夫曼码的编码符号。从表中数据可知，采用等长二进制编码对图像灰度信息进行编码需要的比特总数为 5000，而采用霍夫曼码所需要的编码总比特数为 4000，产生的压缩比为 1.25，因此采用变长编码可有效减少编码信息量。

对于传统的光通信，通常将编码符号映射为高低电平，低电平用符号"0"表示，高电平用符号"1"表示，下面以表 6.3 中表示的图像为例，对传统的信息编码和基于涡旋光的编码效率进行比较。其中，采用涡旋光对灰度图像信息的编码，以不同模态的轨道角动量代表不同的灰度等级。

表 6.3　图像灰度级占比以及不同编码方式对应的编码符号

灰度级符号	占图像总像素概率	等长二进制码字	霍夫曼码
a_1	0.6	00	1
a_2	0.2	01	00
a_3	0.1	10	011
a_4	0.1	11	010

图 6.12 给出了对图像灰度值序列进行编码后得到的信号波形，以及采用涡旋光编码后映射对应的光场模态。从图中可以看出传输图像灰度序列 $\{a_1, a_2, a_2, a_3, a_1, a_4, \cdots\}$，当采用等长二进制编码和霍夫曼码时，符号均映射为对应的高低电平序列，而采用涡旋光模态进行编码，不需要转化为高低电平，因此避免了由于编码方式的不同导致的编码冗余。采用涡

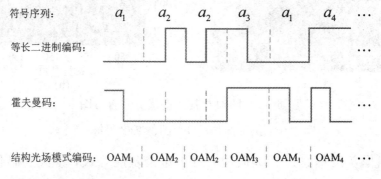

图 6.12　灰度值序列编码后对应的信号波形以及采用涡旋光编码对应的光场模态

旋光模态编码，同样传输像素大小为 50×50 的 4 种灰度值图像，一共需要传输 2500 个 OAM 模态，与二进制等长编码和霍夫曼码相比，分别将传输模式压缩 2 倍和 1.6 倍。

6.4.2　心理视觉冗余

与编码冗余不同，心理视觉冗余与人们观察到的信息有关，因为对于图像信息而言，一些像素信息是不必要的，在不影响视觉观察感官的前提下可以对图像灰度等级进行量化分割，从而减少图片编码总比特数。如图 6.13(a) 所示，给出了由 256 个灰度等级构成的图像，将灰度等级均匀量化为 16 个灰度级(4 比特)，可使图像信息压缩到原始图像的一半,量化后的图像如图 6.13(b) 所示。此外，比较压缩前后的图像可知，量化后的图像与原图相比依旧清晰可辨，从视觉上观察图像质量差别不大，但量化是一种不可逆的操作，不可能再由量化后图像恢复出原始图像，因此在一定视觉信息损失的范围内，可以通过对图像灰度信息量化的方式减少需传输的数据量。

(a) 原图像　　　　　　　　(b) 均匀量化为16级灰度图

图 6.13　通过灰度等级量化去除图像心理视觉冗余

参 考 文 献

[1]　NICOLAS A，VEISSIER L，GINER L，et al. A quantum memory for orbital angular momentum photonic qubits [J]. Nature

Photonics，2014，8(3)：234-238.

[2] DING D，ZHANG W，ZHOU Z，et al. Quantum storage of orbital angular momentum entanglement in an atomic ensemble［J］. Physical Review Letters，2015，114(5)：050502.

[3] NAGALI E，SCIARRINO F，DE MARTINI F，et al. Quantum information transfer from spin to orbital angular momentum of photons[J]. Physical Review Letters，2009，103(1)：013601.

[4] LI X，MA H，ZHANG H，et al. Is it possible to enlarge the trapping range of optical tweezers via a single beam［J］. Applied Physics Letters，2019，114(8)：081903.

[5] BHEBHE N，WILLIAMS P A，ROSALESGUZMAN C，et al. A vector holographic optical trap[J]. Scientific Reports，2018，8(1)：1-9.

[6] YAN L，KRISTENSEN P，RAMACHANDRAN S. Vortex fibers for STED microscopy[J]. APL Photonics，2019，4(2)：022903.

[7] DAN D，LEI M，YAO B，et al. DMD-based LED-illumination Super-resolution and optical sectioning microscopy［J］. Scientific Reports，2013，3(1)：1116-1116.

[8] GIBSON G M，COURTIAL J，PADGETT M J，et al. Free-space information transfer using light beams carrying orbital angular momentum[J]. Optics Express，2004，12(22)：5448-5456.

[9] KRENN M，FICKLER R，FINK M，et al. Communication with spatially modulated light through turbulent air across Vienna［J］. New Journal of Physics，2014，16(11)：113028.

[10] DU J，WANG J. High-dimensional structured light coding/decoding for free-space optical communications free of obstructions ［J］. Optics Letters，2015，40(21)：4827-4830.

[11] LI L，ZHANG R，ZHAO Z，et al. High-capacity free-space optical communications between a ground transmitter and a ground receiver via

a UAV using multiplexing of multiple orbital-angular-momentum beams [J]. Scientific Reports, 2017, 7(1):17427.

[12] WANG X, LUO Y, HUANG H, et al. 18-Qubit entanglement with six photons' three degrees of freedom[J]. Physical Review Letters, 2018, 120(26): 260502.

[13] IMT-2030 推进组. 6G 总体愿景与潜在关键技术白皮书. 2021.

[14] WANG J, LI S, LUO M, et al. N-dimentional multiplexing link with 1. 036-Pbit/s transmission capacity and 112.6-bit/s/Hz spectral efficiency using OFDM-8QAM signals over 368 WDM pol-muxed 26 OAM modes[C]. European conference on optical communication, 2014: 1-3.

[15] LI S, WANG J. A compact trench-assisted multi-orbital-angular-momentum multi-ring fiber for ultrahigh-density space-division multiplexing (19 rings × 22 modes)[J]. Scientific Reports, 2015, 4(1): 3853-3853.

[16] LEI T, ZHANG M, LI Y, et al. Massive individual orbital angular momentum channels for multiplexing enabled by Dammann gratings [J]. Light: Science and Applications, 2015, 4(3): 1-7.

[17] FU S, ZHAI Y, WANG T, et al. Orbital angular momentum channel monitoring of coaxially multiplexed vortices by diffraction pattern analysis[J]. Applied Optics, 2018, 57(5): 1056-1060.

[18] FU S, ZHAI Y, ZHOU H, et al. Experimental demonstration of free-space multi-state orbital angular momentum shift keying[J]. Optixs Express, 2019, 27(23): 33111-33119.

[19] LIU L, GAO Y, LIU X. High-dimensional vortex beam encoding/decoding for high-speed free-space optical communication [J]. Optics Communications, 2019, 452: 40-47.

[20] LIU J, WANG P, HE Y, et al. Modes coded modulation of vector light beams using spatial phase cross-polarized modulation[J].

Optics Communications，2019，432：59-64.

[21] HUANG X, BAI Y, FU X. Image transmission with binary coding for free space optical communications in the presence of atmospheric turbulence[J]. Applied Optics，2020，59(33)：10283-10288.

[22] LIU Z, YAN S, LIU H, et al. Superhigh-Resolution Recognition of Optical Vortex Modes Assisted by a Deep-Learning Method[J]. Physical Review Letters，2019，123：183902.

[23] LI Y, ZHANG Z. Image information transfer with petal-like beam lattices encoding/decoding [J]. Optics Communications，2022，510：127931.